Études de quelques problèmes issus de la géométrie conforme

Salem Eljazi

Études de quelques problèmes issus de la géométrie conforme

Prescription de la coubure de Webster, conformalité des Variétés Riemanniennes aux Sphères.

Presses Académiques Francophones

Impressum / Mentions légales
Bibliografische Information der Deutschen Nationalbibliothek: Die Deutsche Nationalbibliothek verzeichnet diese Publikation in der Deutschen Nationalbibliografie; detaillierte bibliografische Daten sind im Internet über http://dnb.d-nb.de abrufbar.

Information bibliographique publiée par la Deutsche Nationalbibliothek: La Deutsche Nationalbibliothek inscrit cette publication à la Deutsche Nationalbibliografie; des données bibliographiques détaillées sont disponibles sur internet à l'adresse http://dnb.d-nb.de.

Coverbild / Photo de couverture: www.ingimage.com

Verlag / Editeur:
Presses Académiques Francophones
ist ein Imprint der / est une marque déposée de
AV Akademikerverlag GmbH & Co. KG
Heinrich-Böcking-Str. 6-8, 66121 Saarbrücken, Deutschland / Allemagne
Email: info@presses-academiques.com

Herstellung: siehe letzte Seite /
Impression: voir la dernière page
ISBN: 978-3-8381-7838-7

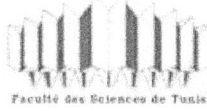

Université Tunis El Manar
Faculté des Sciences de Tunis
Département de Mathématiques

THÈSE DE DOCTORAT

Discipline : Mathématiques

présentée par

Salem Eljazi

Sujet de la thèse :

Études de quelques problèmes issus de la géométrie conforme

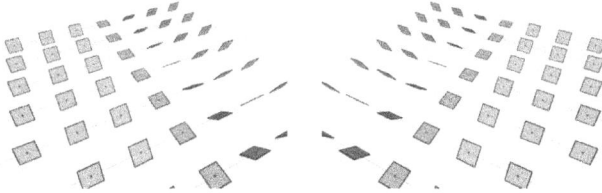

soutenue le 12 Février 2011 devant le jury :

Said Zarati	Président
Noredine Mir	Rapporteur
Sami Baraket	Rapporteur
Lakhdar Rachdi	Examinateur
Najoua Gamara	Directeur de thèse

DÉDICACE

$\mathcal{A}$ la mémoire de mon père

$\mathcal{A}$ ma mère, mes frères et soeurs.

$\mathcal{A}$ mon fils.

$\mathcal{A}$ mes enseignants.

$\mathcal{A}$ tous mes amis.

Table des matières

Remerciements

Tout d'abord, je tiens à remercier très chaleureusement Madame Najoua Gamara qui, durant ces années, a dirigé cette thèse avec beaucoup d'attention et de disponibilité. J'ai été très impressionné par sa grande culture mathématique et sa capacité à aborder divers problèmes avec patience et détermination. J'aimerais aussi lui exprimer ma gratitude d'avoir accepté de reprendre la direction de ma thèse et de m'avoir introduit à son domaine de recherche. De nombreux résultats dans cette thèse ont été obtenus grâce à ses conseils. C'est grâce à elle que j'ai découvert les domaines de la géométrie différentielle, du calcul variationnel et surtout la résolution des équations semilinéaires sur le groupe de Heisenberg.

Enfin, la collaboration que nous avons construit au fil de ses années constitue une expérience scientifique majeure pour mon devenir de chercheur.

Je tiens à exprimer ma gratitude pour tous les membres de l'équipe de recherche du professeur Rachdi Lakhdher ainsi que celle du professeur Sami Baraket qui m'ont adopté comme un des leurs. Leurs sympathies, aides et gentillesses m'ont été très précieux.

Je désire remercier très chaleureusement les professeurs Mohammeden Oueld Ahmadou et Mohamed Ben Ayed pour leurs gentillesses, encouragements et leurs collaborations constructives. Je remercie Wael Abdelhedi et Hamoudi Kamal Ould Bouh pour leur amitiés et aides.

Mes pensées vont également à mes enseignants les professeurs Hajer Bahouri et Lotfi Lassoued pour leurs contributions effectives à ma formation durant ma première année de Master, et en particulier le Professeur Mourad Bellassoued qui m'a ensuite permis de mettre un pied dans un monde plus appliqué et dirigé mon mémoire de Master intitulé "Estimation de Carleman et Problème Inverse".

Mes pensées vont ensuite aux rapporteurs de ma Thèse de Doctorat. J'ai fait connaissance avec Sami Baraket et Noureddin Mir de ces conversations et interactions scientifiques.
C'est un grand honneur pour moi, et un grand plaisir aussi, de voir figurer dans ce jury de thèse Sami Baraket, Noureddin Mir, ...

Certains moments d'une thèse peuvent être décourageants, pénibles. Je n'oublierai pas mes parents (Mekki et Nèjia), mes frères (Ali, Jamel, Skander), mes soeurs (Wassila, Nabiha, Naziha, Sihèm, Noura) et mon fils (Amenallah) qui ont su en atténuer l'amertume et donner à toutes ces années une intense saveur. Un remerciement spécial pour mon frère Skander pour son aide, son soutien permanent et sa gentillesse. Il occupe une place particulière dans mon coeur.

Je présente mes remerciements à mes amis Ali Ben Ahmed et Sami Kouki, pour leurs encouragements constants et pour tous les moments heureux partagés.

Un grand merci aussi à mes camarades Amine Amri, Amine Aribi, Moncef Riahi, Halim Hasnaoui, Habiba Guemri qui ont crée une ambiance de travail à la fois constructive et extrêmement agréable.

Je dédie ces travaux à la mémoire de mon père.

Chapitre 1

Introduction

Historiquement, les équations aux dérivées partielles tirent leur origine de l'étude des surfaces en géométrie et de résolution d'une large variété de problèmes en mécanique. Durant la seconde moitié du 19 ème siècle un grand nombre de mathématiciens s'engagent davantage à examiner de nombreux problèmes régis par les équations aux dérivées partielles. La première raison de cet engouement était que les équations aux dérivées partielles expriment plusieurs lois fondamentales de la nature et fréquemment surviennent dans l'analyse mathématique de divers problèmes. La seconde phase du développement des équations aux dérivées partielles est caractérisée par les efforts pour établir une théorie générale et présenter différentes méthodes de résolutions de solutions de ces équations. En fait les équations aux dérivées partielles s'avèrent un outil essentiel pour développer la théorie des surfaces d'une part et pour rechercher les solutions de problèmes physiques d'autre part. Ces deux champs des mathématiques semblent être étroitement liés par le calcul des variations. Bien que l'origine des équations aux dérivées partielles non linéaires est très ancienne, leur développement est considérable durant la seconde moitié du 20 ème siècle. L'un des principaux moteurs du rayonnement des équations aux dérivés partielles non linéaires fût l'étude des problèmes liées à la géométrie conforme (problème de Yamabe, problème de la prescription de la courbure scalaire,...). Ces problèmes apparaissent dans différents domaines des mathématiques et en physique, incluant la dynamique des fluides, l'optique non linéaire, la mécanique des solides, la physique des plasma et la théorie des quanta. La résolution de ces problème marque une étape considérable dans le développement de l'analyse non linéaire. Dans ce cadre, plusieurs travaux fondateurs ont été mis au point ainsi que différentes techniques et approches ont été développées. Cette diversité des moyens utilisés est étroitement liée aux contraintes imposées. Si dans le cas linéaire l'approche variationnelle usuelle est efficace, cette approche a montré ses limites dans le cas non linéaire avec l'exposant critique de Sobolev. D'autres techniques plus élaborées sont sollicitées pour localiser ce défaut et de résoudre ce type de problèmes, notamment la théorie des points critique à l'infini et les méthodes topologiques et dynamiques.

L'approche de la théorie des points critiques à l'infini a été introduite et performé par A. Bahri, cett dernière consiste à localiser le défaut de compacité et à l'analyser en utilisant des outils topologiques et dynamiques, c'est à dire basés sur la théorie de Morse et les Lemmes de déformations. Notre premier objectif était d'étendre ces méthodes, qui ont été développées pour étudier des problèmes variationels compacts dans le cas où que la condition de Palais Smale est vérifiée, au problème de la prescription de la courbure de Webster sur les variétés de Cauchy Riemann. Ce problème a une structure variationnelle, c'est-à-dire qu'il s'interprète comme l'équation d'Euler Lagrange d'une certaine fonctionnelle J définie sur un espace de variation de dimension infinie. Cependant, comme l'espace de variation n'est pas compact et que la fonctionnelle J ne vérifie pas la condition de Palais-Smale, à savoir qu'il existe des suites non relativement compactes le long desquelles J reste bornée et son gradient tend vers zéro, ces problèmes présentent un certain défaut de compacité qui empêche l'utilisation des méthodes variationnelles usuelles de la théorie des points critiques. Dans l'élaboration de ces arguments on a recourt aux déformations suivant les lignes de flot du gradient de la fonctionnelle, au calcul de la différence de topologie induite par les orbites non compactes du gradient entre différents ensembles de niveau de la fonctionnelle.

Le travail présenté dans cette thèse est composé de deux parties.

La première partie est consacrée à l'étude d'un certain type d'équations aux dérivées partielles non linéaires sur une variété Riemanienne compacte sans bord. En utilisant les bornes inférieures sur la courbure de Ricci et le diamètre, on minore la plus petite valeur propre du laplacien conforme ainsi que l'invariant de Yamabe de cette variété. On en déduit certaines conditions pour que (M,g) soit conformément difféomorphe à la sphère unité de même dimension. C'est l'objet de l'article intitulé "Ricci curvature and conformality of Riemannian manifolds to sphere" publié au journal " Advanced In Pure And Applied Mathematics."

La seconde partie est consacrée à l'étude du problème de la prèscription de la courbure scalaire afin d'établir des résultats d'existence et de multiplicité pour le problème de Kazdan-Warner sur les sphères $\mathbb{S}^{2n+1}$ de $\mathbb{C}^{n+1}$. On se limite à l'étude du cas $n=1$. C'est l'objet de l'article intitulé "The Webster scalar curvature revisited : the case of the three dimensional CR sphere" publié au journal " Calculus of Variations and Partial Differential Equations".

Nous aborderons les thèmes suivants :
-L'élaboration sur une variété riemannienne (M,g) compacte sans bord de dimen-

sion $n \geq 3$; d'une méthode basée sur la symétrisation et la comparaison isopérimé-trique qui permet de trouver des bornes pour certains invariants attachés à cette variété afin qu'elle soit conformément difféomorphe à la sphère de même dimension équipée de sa métrique standard.

- Problèmes de Yamabe et prescription de la courbure scalaire : ces problèmes consistent à trouver, dans une classe conforme donnée, une métrique à cour-bure scalaire constante ou égale à une fonction f fixée à l'avance. Ces problèmes jouissent d'une structure variationnelle, c'est à dire que leurs solutions peuvent être considérés comme des points critiques d'une certaine fonctionnelle d'énergie J. les difficulté essentielles relèvent de la non compacité de l'espace des variations et que la fonctionnelle associée au problème considéré ne vérifie pas la condition de Palais-Smale. Cela nous amènera à comprendre les phénomènes de concentra-tion pour des suites de solutions d'équations aux dérivées partielles elliptiques non linéaires sur des variétés Riemanniennes et sur les variétés de Cauchy Riemann et l'influence de la topologie du domaine sur celles-ci. On utilisera alors une mé-thode basée sur des techniques relatives à la théorie des points critiques à l'infini, on montre un résultat d'existence pour la courbure de Webster pour les sphères complexes $\mathbb{S}^3$.

Dans la suite, nous allons décrire les principaux résultats de notre travail.

Les principaux résultats de la thèse

On considère (M, g) une variété Riemannienne compacte sans bord de dimen-sion n, on note par d son diamètre et r_0 le minimum sur M de la borne inférieure de la courbure de Ricci dans l'espace tangent $T_x M$, notée par Ric.

$$r(x) = \inf\{Ric(u, u), u \in T_x M, |u| = 1\}.$$

Le profil isopérimétrique de (M, g) est défini par :

$$h(s) = \inf\{\frac{vol\partial\Omega}{vol(M, g)}, \ \Omega \subset M \ tel \ que \ \frac{vol\Omega}{vol(M, g)} = s\}, \ s \in [0, 1] \qquad (1.0.1)$$

où $\Omega \subset M$ est un domaine régulier de frontière régulière.

On note par Is(s) le profil isopérimétrique de la sphère unité $\mathbb{S}^n$ de $\mathbb{R}^{n+1}$ munie de sa métrique canonique.

On utilisera le résultat suivant de [37] : Si la variété (M, g) satisfait la relation

$$r_0 d^2 \geq (n - 1)\varepsilon\alpha^2 \ (\varepsilon \subset \{\ 1, 0, 1\} \ et \ \alpha \in \mathbb{R}_+), \qquad (1.0.2)$$

alors

$$d\,h(s) \geq a(n, \varepsilon, \alpha)Is(s), \qquad (1.0.3)$$

Où, $a(n, \epsilon, \alpha)$ est une fonction ne dépendant que de n, ε et α.

Remarque :

Soit (M, g) une variété riemannienne compacte et connexe vérifiant $Ric(u, u) \geq (n-1)k$ pour tout vecteur u de norme 1 (par compacité la constante k existe toujours). Alors le volume de (M, g) est majoré par celui de la boule de rayon d tracée sur l'espace modèle de courbure constante k.

* Si $k > 0$, l'espace modèle est la sphère de rayon $\frac{1}{\sqrt{k}}$: $(\mathbb{S}^n, \frac{1}{k}g_{\mathbb{S}^n})$.

* Si $k > 0$, l'espace modèle est : $(\mathbb{R}^n, can)$.

* Si $k > 0$, l'espace modèle est l'espace hyperbolique : $(H^n, \frac{1}{-k}g_{H^n})$.

où $g_{\mathbb{S}^n}$ et g_{H^n} sont repectivement les métriques standards de $\mathbb{S}^n$ et H^n .

Proposition. 1.1 *Soit (M, g) une variété Riemannienne compacte sans bord de dimension n satisfaisant la relation (1.0.2) . Soit $\mu_1(M)$ (respectivement $\rho_1(\mathbb{S}^n)$) la plus petite valeur propre du laplacien conforme $L = c_n\Delta + R_+ - R_-$ sur M (respectivement de $c_n\Delta + h_+ - h_-$ sur la sphère unité $\mathbb{S}^n$) agissant sur les fonctions avec*

$$h_+ = \begin{cases} (d/a)^2 \sup R_+ & sur\ B(S, r_1) \\ \\ 0 & sur\ le\ complémentaire\ dans\ \mathbb{S}^n, \end{cases} \tag{1.0.4}$$

et

$$h_- = \begin{cases} (d/a)^2 \sup R_- & sur\ B(N, r_2) \\ \\ 0 & sur\ le\ complémentaire\ dans\ \mathbb{S}^n, \end{cases} \tag{1.0.5}$$

où r_1, r_2 vérifient les équations suivantes :

$$\omega_n^{-1} vol B(S, r_1) = V^{-1}\|R_+\|_{L^1(M)} / \|R_+\|_{L^\infty(M)} \tag{1.0.6}$$

et

$$\omega_n^{-1} vol B(N, r_2) = V^{-1}\|R_-\|_{L^1(M)} / \|R_-\|_{L^\infty(M)}. \tag{1.0.7}$$

Alors

$$\mu_1(M) \geq (a/d)^2 \rho_1(\mathbb{S}^n). \tag{1.0.8}$$

Dans le théorème ci-dessous on donne une borne inférieure de l'invariant de Yamabe $\lambda(M)$ de la variété Riemannienne (M, g) en fonction de $\rho(\mathbb{S}^n)$ la plus petite valeur propre sur $\mathbb{S}^n$ de

$$c_n\Delta u + hu = \rho u^{\frac{n+2}{n-2}} \tag{1.0.9}$$

et $h = h_+ - h_-$ donné précédemment par(1.0.4) and (1.0.5).

Théorème. 1.1 *Soit (M,g) une variété Riemannienne compacte sans bord de dimension n et vérifiant la relation (1.0.2) . On a*

$$\lambda(M) \geq (a/d)^2 \beta^{\frac{2}{n}} \rho(\mathbb{S}^n). \tag{1.0.10}$$

On déduit par la suite le résultat de rigidité suivant :

Théorème. 1.2 *Une variété riemannienne (M,g) compacte sans bord de dimension $n \geq 3$ et vérifant la relation (1.0.2) avec $\varepsilon = 1$ et*

$$(a/d)^2 \beta^{\frac{2}{n}} \rho(\mathbb{S}^n) \geq \lambda(\mathbb{S}^n) \tag{1.0.11}$$

est conformément difféomorphe à la sphère unité $\mathbb{S}^n$

Et finalement, on montre le corollaire suivant :

Corollaire. 1.1 *Soit (M,g) une variété riemannienne compacte sans bord, de dimension $n \geq 3$ vérifiant $Ric \geq n - 1$ alors :*

$$\mu_1(M) \geq n(n-1) = \mu_1(\mathbb{S}^n) \tag{1.0.12}$$

$$\lambda(M) \geq n(n-1)V^{\frac{2}{n}} = (\frac{V}{\omega_n})^{\frac{2}{n}} \lambda(\mathbb{S}^n), \tag{1.0.13}$$

où $\lambda(M)$ est l'invariant de Yamabe de (M,g) et $\lambda(\mathbb{S}^n)$ est celui de $\mathbb{S}^n$.

Les équations (1.0.12) et (1.0.13) sont optimales dans le cas où la métrique g est une métrique d'Einstein. L'inégalité (1.0.13) est prouvée par J.Petean et S.Ilias dans [54] et dans [47] respectivement en utilisant des méthodes analogues.

Dans la suite, on s'intéresse au problème de Kazdan Warner sur $M = \mathbb{S}^{2n+1}$ cas $n = 1$. Soit $\mathbb{S}^{2n+1}$ la sphère unité de $\mathbb{C}^{n+1}$ munie de sa forme de contact standard θ_1, et $K : \mathbb{S}^{2n+1} \to \mathbb{R}$ une fonction positive donnée de classe C^2 . Notre but et de trouver des conditions sur K pour qu'il existe une forme de contact sur $\mathbb{S}^3$, $\tilde{\theta}_1$ conforme à θ_1 ayant K pour courbure de Webster scalaire.

On utilise les mêmes techniques que celle exposées dans [18], plus précisément la méthode des points critiques à l'infini et un lemme de Morse adapté à notre cas. Ces techniques sont différentes de celle utilisées dans [16] où les auteurs imposent des hypothèses de symétrie cylindrique sur la courbure scalaire prescrite K Tandis que dans [28], la fonction K est obtenue par la perturbation d'une fonction de Morse vérifiant une condition de nondégénéréssence bien approprié.

Notre problème est equivalent à résoudre l'équation semi-linéaire suivante :

$$\begin{cases} L_{\theta_1} u = K \, u^{1+\frac{2}{n}} & \text{on } \mathbb{S}^{2n+1} \\ \quad u > 0 \end{cases} \qquad (1.0.14)$$

où L_{θ_1} est le laplacien conforme de $\mathbb{S}^{2n+1}$, $L_{\theta_1} = (2 + \frac{2}{n})\Delta_{\theta_1} + R_{\theta_1}$, $\Delta_{\theta_1} = \Delta_{\mathbb{S}^{2n+1}}$ et $R_{\theta_1} = \frac{n(n+1)}{2}$ sont respectivement l'operateur sous-laplacien et la courbure de Webster scalaire de $(\mathbb{S}^{2n+1}, \theta_1)$.

Ce problème a une structure variationnelle, c'est à dire ses solutions correspondent aux points critiques de la fonctionnelle

$$J(u) = \frac{\int_{\mathbb{S}^{2n+1}} L_{\theta_1} u \, u \, \theta_1^n \wedge d\theta_1}{\left[\int_{\mathbb{S}^{2n+1}} K u^4 \, \theta_1 \wedge d\theta_1^n \right]^{1/2}} = \frac{N}{D}$$

définie sur

$$\Sigma^+ = \left\{ u \in S_1^2(\mathbb{S}^{2n+1}) \big/ \, \|u\|^2 = \int_{\mathbb{S}^{2n+1}} L_{\theta_1} u \, u \, \theta_1 \wedge d\theta_1^n \ \text{et} \ u \geq 0 \right\}.$$

La fonctionnelle J ne satisfait pas la condition de Palais Smale (PS) vu que l'injection $\mathbb{S}_1^2 \hookrightarrow L^{2+\frac{2}{n}}$, est continue et non compacte, donc les méthodes variationnelles basés sur la compacité ne s'appliquent pas dans ce cas.

Dans notre travail on utilise des méthodes topoloqiques et dynamiques de la théorie des points critiques à l'infini.

On a le résultat suivant :
En utilisant l'équivalence CR induit par la transformation de Cayley, résoudre le problème sur $\mathbb{S}^{2n+1}$ revient à le résoudre sur $\mathbb{H}^n$.
On note par $g_i \in \mathbb{H}^n$ et $\lambda_i > 0$, la famille des solutions du problème sur $\mathbb{H}^n$, donnée par :

$$w_{(g_i, \lambda)}(z, t) = c_0 \frac{\lambda^n}{|1 + \lambda^2 |z - z_i|^2 - i\lambda^2 (t - t_i - 2Im \, z_i \overline{z})|^n}$$

Soit $K : \mathbb{S}^{2n+1} \longrightarrow \mathbb{R}$ une fonction positive de classe C^2, on dit que K vérifie $(H.1)$ si pour tout point critique ξ_i on a :

$$\xi_i \text{ est un point critique non dégénéré de K tel que } \Delta K(\xi_i) \neq 0. \quad (1.0.15)$$

On note

$$I_1 := \{\xi_i \in \mathbb{S}^{2n+1} : \nabla_{\theta_1} K(\xi_i) = 0 \ \text{et} \ -\Delta_{\theta_1} K(\xi_i) > 0\}.$$

On note $\tau_l = (i_1, \ldots, i_l)$ le l-uplet de $(1, \ldots, r_1)$, $1 \leq l \leq r_1$. Soit $M(\tau_l) = (M_{st})$ la matrice définie par

$$M_{ss} = -\frac{\triangle K(\xi_{i_s})}{3K^2(\xi_{i_s})} \tag{1.0.16}$$

$$M_{st} = -2\frac{\left(K(\xi_{i_s})K(\xi_{i_t})\right)^{\frac{-1}{2}}}{\|(\xi_{i_s} - \xi_{i_t})\|^2} \quad , \quad 1 \leq s \neq t \leq l \,,$$

On dit que K vérifie $H.2$ si pour tout l-uplet $(\zeta_{i_1}, \ldots, \zeta_{i_l})$ avec $\zeta_{i_l} \in I_1$ for $l = 1, \ldots, r_1$ la matrice correspondante $M(\zeta_{i_1}, \ldots, \zeta_{i_l})$ est non dégénérée.

On prouve le théorème suivant :

Théorème. 1.3 *On suppose que K vérifie $H.1$ et $H.2$. Alors, le problème (1.0.14) admet une solution si*

$$\sum_{l=1}^{r_1} \sum_{\varrho(\xi_{i_1}, \ldots, \xi_{i_l}) > 0} (-1)^{4l - 1 - \sum\limits_{j=1}^{l} \kappa_{i_j}} \neq 1 \,,$$

où $\xi_{i_j} \in I_1$, κ_{i_j} est l'indice de Morse de K en ξ_{i_j} et ϱ la plus petite valeur propre de la matrice M définie en (1.0.16).

Soit $K : S^{2n+1} \longrightarrow \mathbb{R}$ une fonction positive de classe C^2, on dit que K vérifie $(H.3)$ s'il existe des points critiques ξ_i de K vérifiant la

Condition Flatness :

il existe des réels $(b_j^i)_{1 \leq j \leq 2n+1}$, $b_j^i \neq 0$ et $\Sigma_{j=1}^{2n+1} b_j^i \neq 0$ tels que dans un voisinage de coordonnées normales pseudo-hermitiennes centrées en ξ_i on a :

$$K(\xi) = K(\xi_i) + \mathcal{B}_{\xi_i}\left[(\xi_i^{'-1}\xi')^{\beta_i}\right]\left[(\xi_i^{'-1}\xi')^{\beta_i}\right] + \mathcal{R}(\xi_i^{'-1}\xi') \tag{1.0.17}$$

où

$$\mathcal{B}_{\zeta_i} = \begin{pmatrix} b_1^i & 0 & \ldots & 0 \\ 0 & \ddots & \ddots & \vdots \\ \vdots & \ddots & b_{2n}^i & 0 \\ 0 & \ldots & 0 & b_{2n+1}^i \end{pmatrix} \tag{1.0.18}$$

$\beta_i \in (1, n + \frac{1}{2})$, $\xi_i' = F(\xi_i)$, $\xi' = F(\xi) = (z, t) = (x_1, \ldots, x_{2n}, t) \in \mathbb{H}^n$,
$\left[(\xi_i^{'-1}\xi')^{\beta_i}\right] = {}^t\left(|x_1 - x_1'|^{\beta_i}, \ldots, |x_{2n} - x_{2n}'|^{\beta_i}, |t - t' - 2Imz.\overline{z'}|^{\frac{\beta_i}{2}}\right)$

et $\sum\limits_{s=1}^{[2\beta_i]} |\nabla_{\theta_1}^s \mathcal{R}(\xi_i^{'-1}\xi')| \left|\left[(\xi_i^{'-1}\xi')^{-2\beta_i - s}\right]\right| = o(1)$ lorsque ξ' tend vers ξ_i', où $\nabla_{\theta_1}^s$ sont les dérivées d'ordre s et $[\beta_i]$ la partie entière de β_i.

On note par

$$I_2 := \{\xi_i \in \mathbb{S}^{2n+1} : -\sum_{j=1}^{2n+1} b_j^i > 0\}.$$

L'indice de Morse de K au point $\xi_i \in I_2$ est le nombre des coefficients b_j^i strictement négatifs qu'on note par $m(\xi_i)$.

On note dans ce cas qu'il existe d'autres points critiques à l'infini de type $(\xi)_\infty$ où $\xi \in I_2$. L'indice de Morse d'un tel point critique à l'infini est égal à $3 - m(\xi)$.

On a le résultat suivant :

Théorème. 1.4 *On suppose que K vérifie H.1, H.2 et H.3. Alors, le problème (1.0.14) admet une solution si*

$$\sum_{\xi \in I_2}(-1)^{3-m(\xi)} + \sum_{l=1}^{r_1}\sum_{\varrho(\xi_{i_1},\dots,\xi_{i_l})>0} (-1)^{4l-1-\sum_{j=1}^{l}\kappa_{i_j}} \neq 1\,,$$

où $\xi_{i_j} \in I_1$, κ_{i_j} est l'indice de Morse de K en ξ_{i_j} et $m(\xi) = \sharp\{j; b_j^\xi < 0\}$, pour $\xi \in I_2$ et ϱ la plus petite valeur propre de la matrice M définie en (1.0.16).

Ce théorème est une nouveauté par rapport aux résultats de [18] où on utilisait seulement les hypothèses $H.1$ et $H.2$ sur les points critiques de la fonction K.

Les preuves des Théorèmes 1.3 et 1.4 sont obtenues par un argument de contradiction, c'est à dire que nous supposons que le problème n'admet pas de solution. Notre argument comprend un lemme de Morse à l'infini, ce lemme est très technique : il est basé sur la construction d'un champ de vecteurs global pour la fonctionnelle J sur un voisinage de $\Sigma^+ : V_\epsilon(\Sigma^+)$, qui à son tour s'appuie sur les développements limités de J et de son gradient près de l'infini. Plus précisément nous construisons un champ de vecteurs par morceaux en utilisant des combinaisons convexes et on conclut par un argument topologique basé sur le calcul de la caractéristique d'Euler Poincaré de $V_\epsilon(\Sigma^+)$. L'espace $V_\epsilon(\Sigma^+)$ étant contractile $\chi(V_\epsilon(\Sigma^+)) = 1$; d'autre part par le biais d'un lemme d'homologie relative on montre que

$\chi(V_\epsilon(\Sigma^+)) = \sum_{l=1}^{r_1}\sum_{\varrho(\xi_{i_1},\dots,\xi_{i_l})>0} (-1)^{4l-1-\sum_{j=1}^{l}\kappa_{i_j}} \neq 1\,,$ et on en déduit que si cette

quantité est différente de 1 alors on a une solution d'où le théorème. 1.3. De même on montre que $\chi(V_\epsilon(\Sigma^+)) = \sum_{\xi \in I_2}(-1)^{3-m(\xi)} + \sum_{l=1}^{r_1}\sum_{\varrho(\xi_{i_1},\dots,\xi_{i_l})>0} (-1)^{4l-1-\sum_{j=1}^{l}\kappa_{i_j}} \neq 1\,,$

pour en déduire le résultat du Théoème. 1.4.

Chapter 2

Conformalité des Variétés Riemanniennes aux Sphères

(Publié dans Adv. Pure Appl. Math. 1 (2010), 35-46.)

2.1 Historique

Ce problème a une histoire intérèssante qui est assez ancienne. En effet par une première approche basée sur l'utilisation des groupes des automorphismes conformes $C(M,g)$ de la variété M. La non compacité de la composante connexe de l'identité dans $C(M,g)$ implique que (M,g) est conformément équivalente à la sphère S^n pour $n \geq 3$, c'est un résultat de M.Obata ([51] et [52]). Malheureusement, il y avait une lacune dans [52], en effet K.R.Gutschera dans [45] a donné quelques contre-exemples. Par la suite, en 1988 J.Lafontaine [48] a complété la preuve du théorème de M.Obata.

Une deuxième approche du problème a été utilisée par R.Schoen dans [55] celle-ci repose sur l'utilisation de la théorie de la courbure scalaire.

Nous devons remarquer que beaucoup de mathématiciens ont donné des conditions différentes pour qu'une variété Riemannienne soit isométrique à la sphère. Il y a ceux qui ont utilisé les transformations infinitésimales conformes, on cite par exemple M. Obata [53], C.C. Hsiung-LW Stern [46], K.Yano-T.Nagano [60]... Il y en a d'autres qui ont donné des conditions sur la courbure sectionnelle, la courbure de Ricci ou bien sur des minorants de certaines valeurs propres du laplacien sur M (on peut voir S.Deshmukh-A.Al.Eid [40]...)

2.2 Préliminaires et rappels

2.2.1 La méthode de symétrisation

Dans toute la suite on désignera par (M,g) une variété riemannienne compacte de dimension n sans bord. Notons $Ric(M)$, d sa courbure de Ricci, respectivement son diamètre et r_0 la borne inférieure de $Ric(M)$ sur la sphère unité du fibré tangent TM.

De nombreux invariants géométriques ou topologiques attachés à cette variété apparaissent comme la dimension du noyau d'un opérateur elliptique sur (M,g), on peut citer les nombres de Betti, la multiplicité des valeurs propres du laplacien qui sont inférieures à un nombre donné. Une méthode qui remonte à S.Bochner (théorème d'annulation) permet de donner des bornes pour de tels invariants. Cette méthode a été reprise par P.Li[49] (théorème de majoration).

On peut décrire les invariants considérés comme la dimension d'un espace vectoriel de sections C^∞ de certains fibrés géométriques (c'est-à-dire construits à partir de TM et T^*M) vérifiant des (in)égalités elliptiques avec un laplacien naturel. Ceci a permis à P.Li[49] de donner des bornes pour ces invariants:

Soit $E \to M$ un fibré vectoriel C^∞ de rang l au dessus de (M, g), on suppose que E est muni d'une structure riemannienne (c'est-à-dire d'une section C^∞ de $O^2 E^*$ telle que sa valeur en chaque point de M soit un produit scalaire sur le fibré en ce point).

Notons par $<,>_m$ le produit scalaire sur la fibre E_m et par $<<,>>$ le produit scalaire sur $C^\infty(E)$ donné par:

$$<< \omega, \omega' >> = \int_M < \omega, \omega' >_m dv(m)$$

pour tout ω, ω' dans $C^\infty(E)$, et $dv(m)$ est la mesure riemannienne canonique de la variété (M, g). Les normes correspondantes seront notées par $\mid \mid_m$ et $\parallel \parallel_{L^2(E)}$. On définit d'autre part la norme $\parallel \parallel_{L^\infty(E)}$, pour ω dans $C^\infty(E)$, par:

$$\|\omega\|_{L^\infty(E)} = \sup\{|\omega|_m = < \omega(m), \omega(m) >_m^{\frac{1}{2}}, \ m \in M\}.$$

On a le résultat suivant de P.Li[49]

Lemme. 2.1 *Soit $\mathcal{E}$ un sous espace vectoriel de dimension finie de l'espace des sections C^∞ d'un fibré vectoriel E de rang l, au dessus d'une variété riemannienne compacte (M, g), alors il existe un élément ω de $\mathcal{E} \setminus \{0\}$, tel que:*

$$\dim \mathcal{E} \parallel \omega \parallel_{L^2(E)}^2 \leq l \ vol(M) \parallel \omega \parallel_{L^\infty(E)}^2$$

en particulier:

$$\dim \mathcal{E} \leq l \ vol(M) \sup_{\omega \in \mathcal{E} \setminus \{0\}} \frac{\parallel \omega \parallel_{L^\infty(E)}^2}{\parallel \omega \parallel_{L^2(E)}^2}.$$

Pour majorer le second membre de l'inégalité du lemme ci-dessus, P.Li[49] utilisait comme ingrédient analytique la méthode de Giorgi-Nash-Moser, le travail géométrique consistait alors à estimer les constantes de Sobolev. Plus tard dans [42], puis dans [43], N.Gamara a utilisé une méthode de symétrisation basée sur la comparaison isopérimétrique entre la variété (M, g) et un espace modèle, cette méthode est issue des travaux de P.Bérard et S.Gallot sur l'équation de la chaleur.

Dans [42], on traite le cas où la courbure de Ricci vérifie $Ric(M) \geq (n-1)g$, l'espace modèle considéré est alors la sphère unité $\mathbb{S}^n$ de $\mathbb{R}^{n+1}$ munie de sa métrique canonique. Dans [42], on utilise une comparaison entre le profil isopérimétrique de

(M, g), et celui de $(\mathbb{S}^n, can)$, moyennent une condition sur la borne inférieure de la courbure de Ricci et le diamètre de (M, g).

La méthode que nous allons utiliser dans notre travail est celle exposée dans [43] et dont voici un développement.

2.2.2   Comparaison d'inégalités isopérimétriques

Définition. 2.1 *Le profil isopérimétrique de la variété (M, g) est défini par*

$$h(s) = \inf\{\frac{vol\partial\Omega}{vol(M, g)}, \ \Omega \subset M \ \ t. \ q \ \ \frac{vol\Omega}{vol(M, g)} = s\} \qquad (2.2.1)$$

$s \in [0, 1]$ *et où l'inf est pris sur les domaines à bord régulier de M.*

On note Is(s), le profil isopérimétrique de la sphère unité $\mathbb{S}^n$ de $\mathbb{R}^{n+1}$ munie de sa métrique canonique

$$Is(s) = \frac{vol(\partial B(s))}{vol \ \mathbb{S}^n} \qquad (2.2.2)$$

où $B(s)$ est la boule géodésique de $\mathbb{S}^n$ telle que $\dfrac{volB(s)}{vol\mathbb{S}^n} = s$.

On a le résultat suivant de P.Bérard. G.Besson et S.Gallot [37]

Si (M, g) vérifie

$$r_0 d^2 \geq (n-1)\varepsilon\alpha^2 \ \left(\varepsilon \in \{-1, 0, 1\} \ et \ \alpha \in \mathbb{R}_+\right), \qquad (2.2.3)$$

alors

$$d\,h(s) \geq a(n, \varepsilon, \alpha)Is(s). \qquad (2.2.4)$$

où, $a(n, \epsilon, \alpha)$ est une constante qui dépend de n, ε et α donnée par:

$$a(n, \epsilon, \alpha) = \begin{cases} \alpha\sigma_n^{\frac{1}{n}}\left[2\int_0^{\frac{\alpha}{2}}(\cos t)^{n-1}dt\right]^{-\frac{1}{n}}, \ si \ \epsilon = 1 \\ (1 + n\,\sigma_n)^{\frac{1}{n}} - 1, \ si \ \epsilon = 0 \\ \alpha c(\alpha), \ si \ \epsilon = -1, \end{cases} \qquad (2.2.5)$$

$\sigma_n = \int_0^\pi (\sin t)^{n-1}dt$, $c(\alpha)$ est l'unique racine de l'équation :

$$\sigma_n(\cosh y)^n = \sinh y \int_y^{y+\alpha}(\cosh t)^{n-1}dt.$$

Pour simplifier, on notera dans la suite a, la fonction $a(n, \epsilon, \alpha)$.

Notons par Δ, $\Delta_{\mathbb{S}^n}$ le laplacien associé à la metrique g de M respectivement à la métrique canonique de $\mathbb{S}^n$. Soit $\zeta \in \mathbb{R}_+$, on note φ la solution du problème de Cauchy

$$\begin{cases} \varphi''(r) + (n-1)cotgr\ \varphi'(r) + \zeta\varphi(r) = 0\ , \quad 0 < r < \pi \\ \\ \varphi \text{ régulière en } 0\ , \quad \varphi(0) = 1 \end{cases}.$$

Soit r_ζ le premier zéro positif de φ, et soit $\widehat{f}$ la fonction radiale de $\mathbb{S}^n$ définie par:

$$\widehat{f}(x) = \varphi(d(x,N)), \ x \in \mathbb{S}^n \setminus \{S\}, \tag{2.2.6}$$

où N et S denotent respectivement le pole nord et le pole sud de $\mathbb{S}^n$.
On note $\widehat{f}_+$ la restriction de $\widehat{f}$ à la boule géodésique de $\mathbb{S}^n$ de centre N et de rayon r_ζ. Notons par V le volume de M et par ω_n celui de $\mathbb{S}^n$.
Avec les notation ci-dessus on a le résultat suivant:

Théorème. 2.1 *[43] Soit (M,g) une variété riemannienne C^∞ compacte sans bord, de dimension n vérifiant la relation (2.2.3), et f une fonction positive ou nulle sur M. On suppose que f vérifie: $\Delta f \leq \lambda f$ ($\lambda \geq 0$) au sens des distributions, on a alors*

$$V\frac{\| f \|_{L^\infty(M)}^2}{\| f \|_{L^2(M)}^2} \leq \omega_n \frac{\| \widehat{f}_+ \|_{L^\infty}^2}{\| \widehat{f}_+ \|_{L^2}^2}\ ,$$

où $\widehat{f}$ est définie par (2.2.6) avec $\zeta = \lambda(\frac{d}{a})^2$.

Remarques

1. Le théorème. 2.1 s'applique sans restriction sur le signe de f si $\Delta f = \lambda f$.

2. L'idée de la démonstration du théorème. 2.1 est de ramener les (in)équations $\Delta f \leq \lambda f$ et $\Delta_{\mathbb{S}^n}\widehat{f} = \zeta\widehat{f}$ à des (in)équations différentielles ordinaires, on prendra le volume comme nouvelle variable, puis on applique un argument de comparaison pour conclure.

Méthode de symétrisation([42])

On peut facilement montrer que tout fonction continue positive bornée f, définie sur M vérifiant $\Delta f \leq \lambda f$ ($\lambda \geq 0$) au sens de distributions, peut être approchée uniformément par une suite de fonctions de Morse positives(f_p) vérifiant $\Delta f_p \leq \lambda_p f_p$ avec ($\lambda_p \geq 0$) et $\lim \lambda_p = \lambda$. En effet, on approche d'abord f par une suite de fonctions C^∞ positives (g_p) vérifiant également $\Delta g_p \le \lambda g_p$, cette suite peut-être construite de la manière suivante

$$g_p = \int_M K_m(x, y, \frac{1}{p})\, f(y)\, dy$$

où K_m est le noyau de équation de la chaleur sur la variété (M, g). Puis on approche la suite (g_p) par une suite de fonctions de Morse positives (f_p), telles que:

$$\|f_p - g_p\| \le \frac{1}{p^2} \quad \text{et} \quad \|\Delta f_p - \Delta g_p\| \le \frac{1}{p^2},$$

où $\|.\|$ est la norme de la convergence uniforme. Cette suite (f_p), vérifie

$$\Delta f_p \le \lambda_p f_p, \quad (\lambda_p \ge 0), \quad \text{avec} \ \lim \lambda_p = \lambda.$$

Il suffit alors de faire la démonstration du théorème. 2.1 pour une fonction de Morse positive.

Pour t un réel fixé, on définit: $M(t) = \{x \in M \ t.q \ f(x) > t\}$, $a(t) = \dfrac{vol\, M(t)}{vol\, M}$ et $\Gamma(t) = \partial M(t)$ le bord du domaine $M(t)$. La fonction $a(t)$ est décroissante et continue, elle admet donc une fonction réciproque, notons la par F, elle est définie sur $[0, 1]$, soit

$$H(s) = \int_{M(F(s))} f(x)\, dx,$$

avec les notations introduites ci-dessus, on obtient le:

Lemme. 2.2 *Soit λ un réel positif et f une fonction de Morse positive définie sur M vérifiant $\Delta f \le \lambda f$ ($\lambda \ge 0$). Alors on a:*

$$h^2(s)\, H''(s) + \lambda H(s) \ge 0, \quad s \in [0, 1]$$

Preuve: On a $H(s) = V \int_0^s F(u)\, dx$,(voir [36],p.49, lemme 2.2), Notons $d\sigma$ la mesure induite sur $\Gamma(t)$ par la mesure riemannienne dv_g; en utilisant le résultat suivant

Formule de la co-aire:

soit $f \in C^\infty(M)$, pour tout fonction $\phi : \ M \to \mathbb{R}$, on a

$$\int_M \phi\, dv_g = \int_{Inf\, f}^{Sup\, f} \int_{f^{-1}(t)} \frac{\phi\, d\sigma}{|\nabla f|}\, dt$$

où ∇f est le gradient de f.

Dans un cadre plus général, on considère comme opérateur $\Delta + C$, où Δ est le laplacien défini sur (M, g) et C est un potentiel. Pour minorer la première valeur propre λ_1 du problème suivant: $\Delta f + C f = \lambda f$ $(\lambda \in R)$, sur une variété riemannienne (M, g) compacte sans bord vérifiant la relation (2.2.3).

Pour r_1 et r_2 deux réels positifs fixés $(0 < r_1, r_2 < \pi)$, on désigne par $B(S, r_1)$ (respectivement $B(N, r_2)$) la boule géodésique de centre S et de rayon r_1 (respectivement la boule géodésique de centre N et de rayon r_2). Dans [43] N.Gamara donne le resultat suivant qui est une généralisation d'un résultat de G.Talenti [57] dans $\mathbb{R}^n$.

Théorème. 2.2 *Soit (M, g) une variété riemannienne C^∞ compacte sans bord, de dimension n et vérifiant la relation (2.2.3). Soit C une fonction définie sur M, fixée, bornée $\left(C = C_+ - C_- \text{ avec } C_+ = (|C| + C)/2 \text{ et } C_- = (|C| - C)/2\right)$. Notons λ_1 (résp ρ_1) la plus petite valeur propre de $\Delta + C$ sur M agissant sur des fonctions positives C^∞ définies sur M (résp de $\Delta u + (h_+ - h_-)u = \rho u$ sur $\mathbb{S}^n$ avec*

$$h_+ = \begin{cases} (d/a)^2 \sup C_+ & \text{sur } B(S, r_1) \\ 0 & \text{sur le complémentaire dans } \mathbb{S}^n \end{cases} \tag{2.2.7}$$

et

$$h_- = \begin{cases} (d/a)^2 \sup C_- & \text{sur } B(N, r_2) \\ 0 & \text{sur le complémentaire dans } \mathbb{S}^n, \end{cases} \tag{2.2.8}$$

où r_1, r_2 vérifient les équations suivantes:

$$\omega_n^{-1} vol B(S, r_1) = (a/d)^2 V^{-1} \|C_+\|_{L^1(M)} / \|C_+\|_{L^\infty(M)} \tag{2.2.9}$$

et

$$\omega_n^{-1} vol B(N, r_2) = (a/d)^2 V^{-1} \|C_-\|_{L^1(M)} / \|C_-\|_{L^\infty(M)}. \tag{2.2.10}$$

Alors on a:

$$\lambda_1 \geq (a/d)^2 \rho_1.$$

L'idée de la preuve de ce théorème est de symétriser le potentiel C défini sur M en une fonction $\widetilde{C}$ définie sur $\mathbb{S}^n$, puis d'appliquer une inégalité de steffensen pour pouvoire remplacer $\widetilde{C}$ par $h = h_+ - h_-$ définie ci-dessus, tout en conservant les normes relatives:

$$V^{-1} \| C_- \|_{L^1} = \omega_n^{-1} \| h_- \|_{L^1} \text{ et } \| C_+ \|_{L^1} = \| h_+ \|_{L^1} .$$

2.2.3   Le problème de Yamabe

Le problème de Yamabe sur M s'énonce comme suit: Trouver une métrique conforme $\widetilde{g}$ pour une variété Riemannienne compacte sans bord (M, g) de dimension $n \geq 3$, telle que la courbure scalaire soit constante $R_{\widetilde{g}} = \lambda$?.
En écrivant $\widetilde{g} = u^{\frac{4}{n-2}} g$, $u > 0$. On aura:

$$R_{\widetilde{g}} = u^{-\frac{n+2}{n-2}}(Ru + \frac{4(n-1)}{n-2}\Delta u).$$

Le problème de Yamabe est équivalent à résoudre:

$$Lu = \lambda u^{p-1}, \ u > 0.$$

où $p = \frac{2n}{n-2}$, $c_n = \frac{4(n-1)}{n-2}$ et $L = c_n \Delta + R$, l'opérateur du laplacien conforme de (M, g).
C'est l'équation de Euler-Lagrange de la fonctionnelle:

$$Q_0(\widetilde{g}) = \frac{\int_M R_{\widetilde{g}} dv_{\widetilde{g}}}{\left(\int_M dv_{\widetilde{g}}\right)^{\frac{2}{p}}}.$$

Dans la classe conforme $[g] = \{hg \ / \ h \in \mathcal{C}^{\infty}, \ h > 0\}$ et $h = u^{p-2}$, $u > 0$, on peut écrire

$$Q_0(\widetilde{g}) = Q_0(u^{p-2}g) = J(u).$$

Rappelons que Le quotient de Yamabe et L'invariant de Yamabe sont définies succéssivement par:
Le quotient de Yamabe de (M, g) :

$$J(u) = \frac{\int_M uLu dv_g}{\left(\int_M u^p dv_g\right)^{\frac{2}{p}}} = \frac{\int_M (c_n|\nabla u|^2 + Ru^2) dv_g}{\|u\|_p^2}.$$

L'invariant de Yamabe de (M, g):

$$\lambda(M) = \inf\left\{J(u) \ / \ u \in L_1^2(M)\backslash\{0\}\right\}$$

On énonce deux théorèmes pour la résolution de ce type de problème:
Théorème.A (Yamabe-Aubin-Trudinger) *Le problème de Yamabe est résolu pour toute variété compacte M telle que $\lambda(M) < \lambda(\mathbb{S}^n)$, où $\mathbb{S}^n$ est la n-sphère unité munie de sa métrique standard.*

Théorème.B (Yamabe-Aubin) *Pour toute variété Riemannienne compacte sans bord (M, g), on a $\lambda(M) \leq \lambda(\mathbb{S}^n) = n(n-1)\omega_n^{\frac{2}{n}}$.*

Le théorème.A réduit la résolution du Problème de Yamabe à l'estimation de l'invariant $\lambda(M)$. En d'autre terme s'il existe une fonction $u \in L_1^2(M)$ tel que $J(u) < \lambda(\mathbb{S}^n)$ alors le problème de Yamabe admet une solution. Dans notre cas (M, g) est conforme à $\mathbb{S}^n$, le problème de Yamabe a une solution.

2.3 Article 1 (Ricci curvature and conformality of Riemannian manifolds to spheres.)

Ricci curvature and conformality of Riemannian manifolds to spheres.

Abstract. In this paper we give bounds on the least eigenvalue of the conformal Laplacian and the Yamabe invariant of a compact Riemannian manifold in terms of the Ricci curvature and the diameter and deduce a sufficient condition for the manifold to be conformally equivalent to a sphere.

Résumé. Soit (M,g) une variété riemannienne compacte sans bord de dimension n. En utilisant des bornes inférieures sur la courbure de Ricci et le diamètre de (M,g), on minore la plus petite valeur propre du laplacien conforme ainsi que l'invariant de Yamabe de cette variété. On en déduit certaines conditions pour que (M,g) soit conformément difféomorphe à la sphère unité de même dimension.

Keywords: Conformal laplacian, Yamabe invariant, conformal diffeomorphism, Ricci curvature.

2000 Mathematics Subject Classification. 53C21; 53C25; 58J60; 58J70.

Motivation

The purpose of the paper is to give conditions on some topological or geometrical invariants of a smooth compact Riemannian manifold (M,g) without boundary, to be conformally diffeomorphic to the sphere of the same dimension equipped with its canonical metric. This problem has an interesting history. Indeed, the first approach was based on the use of the conformal automorphisms group of the manifold denoted by $C(M,g)$. It was shown that the non-compactness of the connected component of the identity in $C(M,g)$ implies that (M,g) is conformally equivalent to the sphere $\mathbb{S}^n$ for $n \geq 3$ (this is due to M.Obata [51, 52]). Unfortunately, there was a gap in [52] involving Obata's use of a certain theorem and K.R.Gutschera in [45] gave some counterexamples and finally J.Lafontaine [48] completed the proof in 1988. The compactness of the whole group $C(M,g)$ was shown by J. Ferrand [41]. An alternate approach to the problem based on the conformal scalar curvature theory was provided by R. Schoen [55].

We have to notice that many mathematicians obtained various conditions for a Riemannian manifold to be isometric to a sphere, ones used the infinitesimal conformal transformations (see M. Obata [53], C.C. Hsiung-L.W Stern [46], K. Yano-T. Nagano [60], ...) and others gave conditions on the sectional curvatures and the Ricci curvature or particular bounds for a certain eigenvalue of the Laplacian on (M,g) and the Ricci curvature (see S.Deshmukh and A. Al-Eid [40], ...).

In this paper, we obtain a condition involving the Ricci and the scalar curvature for (M,g) to be conformally equivalent to a sphere. This will be based on comparison results for the Yamabe invariant. The main ingredients are symmetrization process and isoperimetric comparison results due to P.Berard, G.Besson and S.Gallot [37], which have been extended by the second author in [42, 43].

2.3.1 Introduction and statement of main results

Let (M,g) be a compact Riemannian manifold of dimension n without boundary. We denote by Ric_g its Ricci curvature, r_0 the infimum of $r(x) = \inf\{Ric_g(u,u), u \in T_xM, |u|=1\}$, the least eigenvalue of Ric_g on the tangent space TM, R its scalar curvature and d its diameter.

The isoperimetric profile of (M,g) is defined by

$$h(s) = \inf\{\frac{vol\partial\Omega}{vol(M,g)}, \ \Omega \subset M \ \ s.t. \ \ \frac{vol\Omega}{vol(M,g)} = s\}, \ s \in [0,1], \qquad (2.3.1)$$

where $\Omega \subset M$ are smooth domains with regular boundaries.

Let $Is(s)$ be the isoperimetric profile of the model space: the unit sphere $\mathbb{S}^n$ of $\mathbb{R}^{n+1}$ equipped with its canonical metric, that is

$$Is(s) = \frac{vol(\partial B(s))}{vol \ \mathbb{S}^n}, \qquad (2.3.2)$$

where $B(s)$ is a geodesic ball of $\mathbb{S}^n$ such that $\frac{volB(s)}{vol\mathbb{S}^n} = s$.

The following result is de to Bérard, Besson and Gallot [37]:

If (M,g) satisfies

$$r_0d^2 \geq (n-1)\varepsilon\alpha^2 \ \left(\varepsilon \in \{-1,0,1\} \ and \ \alpha \in \mathbb{R}_+\right), \qquad (2.3.3)$$

then $\forall s \in [0,1]$

$$d\,h(s) \geq a(n,\varepsilon,\alpha)Is(s), \qquad (2.3.4)$$

here $a(n,\varepsilon,\alpha)$ is a constant depending on n, ε and α as follows

$$a(n,\varepsilon,\alpha) = \begin{cases} \alpha\sigma_n^{\frac{1}{n}}\left[2\int_0^{\frac{\alpha}{2}}(\cos t)^{n-1}dt\right]^{-\frac{1}{n}}, & \text{if } \varepsilon = 1 \\ (1+n\,\sigma_n)^{\frac{1}{n}} - 1, & \text{if } \varepsilon = 0 \\ \alpha c(\alpha), & \text{if } \varepsilon = -1, \end{cases} \qquad (2.3.5)$$

where $\sigma_n = \int_0^\pi (\sin t)^{n-1}dt$ and $c(\alpha)$ is the unique root of the equation $\sigma_n(\cosh y)^n = \sinh y \int_y^{y+\alpha}(\cosh t)^{n-1}dt$. The Inequality (2.3.3) is sharper than the one given by M. Gromov [44].

Let (M,g) be a compact Riemannian manifold without boundary satisfying relation (2.3.3). In [43], Theorem5, the first author obtained a lower bound for the least eigenvalue of the operator $\Delta + C$, where Δ is the Laplacian of (M,g) and C is a potential.

Following the proof of [43], we give in the first step a lower bound for the least eigenvalue of the conformal Laplacian of (M,g), $L = c_n\Delta + R$ with $c_n = 4\frac{n-1}{n-2}$.

We begin by providing some notations: let V denote the volume of (M,g) and ω_n the one of $(\mathbb{S}^n, can)$. For given positive reals r_1, r_2 $(0 < r_1, r_2 < \pi)$, let $B(S,r_1)$, (resp. $B(N,r_2)$) be the geodesic ball of $\mathbb{S}^n$ of center the south pole S and radius r_1 (resp. the geodesic ball of $\mathbb{S}^n$ of center the north pole N and radius r_2).

Proposition. 2.1 *Let (M,g) be a compact Riemannian manifold of dimension n without boundary satisfying relation (2.3.3). Let $\mu_1(M)$ (resp. $\rho_1(\mathbb{S}^n)$) denotes the least eigenvalue of the conformal laplacian $L = c_n\Delta + R$ on M (resp. of $c_n\Delta + h_+ - h_-$ on the unit sphere $\mathbb{S}^n$) acting on functions with*

$$h_+ = \begin{cases} (d/a)^2 \sup R_+ & \text{on } B(S,r_1), \\ 0 & \text{on the complementary in } \mathbb{S}^n, \end{cases} \qquad (2.3.6)$$

$$R_+ = \frac{|R|+R}{2}$$

and

$$h_- = \begin{cases} (d/a)^2 \sup R_- & \text{on } B(N,r_2), \\ 0 & \text{on the complementary in } \mathbb{S}^n, \end{cases} \qquad (2.3.7)$$

$$R_- = \frac{|R|-R}{2},$$

where r_1, r_2 satisfy:

$$\omega_n^{-1}vol B(S,r_1) = V^{-1}\|R_+\|_{L^1(M)} / \|R_+\|_{L^\infty(M)} \qquad (2.3.8)$$

and

$$\omega_n^{-1} vol B(N, r_2) = V^{-1} \|R_-\|_{L^1(M)} / \|R_-\|_{L^\infty(M)}. \tag{2.3.9}$$

Then

$$\mu_1(M) \geq (a/d)^2 \rho_1(\mathbb{S}^n). \tag{2.3.10}$$

In the second step, we give a lower bound for the first Yamabe invariant of (M, g) which we denote by $\lambda(M)$. Let $\rho(\mathbb{S}^n)$ be the least eigenvalue on $\mathbb{S}^n$ of

$$c_n \Delta u + hu = \rho u^{\frac{n+2}{n-2}}, \tag{2.3.11}$$

where $h = h_+ - h_-$ is given by (2.3.6) and (2.3.7), we have

Theorem. 2.1 *Let (M, g) be a compact Riemannian manifold of dimension n without boundary satisfying relation (2.3.3). We have*

$$\lambda(M) \geq (a/d)^2 \beta^{\frac{2}{n}} \rho(\mathbb{S}^n), \tag{2.3.12}$$

where β denote the ratio $\frac{V}{\omega_n}$.

Since the Yamabe invariant of (M, g) is bounded from above by the one of the sphere, we derive the following rigidity result.

Theorem. 2.2 *A compact Riemannian manifold (M, g) of dimension $n \geq 3$ without boundary satisfying condition (2.3.3) with $\varepsilon = 1$, and*

$$(a/d)^2 \beta^{\frac{2}{n}} \rho(\mathbb{S}^n) \geq \lambda(\mathbb{S}^n) \tag{2.3.13}$$

is conformally diffeomorphic to the unit sphere $\mathbb{S}^n$.

Notice that in the particular case where the scalar curvature is constant, we have $\lambda(M) = RV^{\frac{2}{n}} = (\frac{a}{d})^2 \beta^{\frac{2}{n}} \rho(\mathbb{S}^n)$ and condition (2.3.13) is only satisfied when M is conformally diffeomorphic to the sphere.

As a consequence of Proposition. 2.1 and Theorem. 2.1 and in the case where $Ric \geq n - 1$, we obtain the following result:

Corollaire. 2.1 *Let (M, g) be a compact Riemannian manifold of dimension $n \geq 3$ without boundary satisfying $Ric \geq n - 1$. Then*

$$\mu_1(M) \geq n(n - 1) = \mu_1(\mathbb{S}^n) \tag{2.3.14}$$

$$\lambda(M) \geq n(n - 1)V^{\frac{2}{n}} = (\frac{V}{\omega_n})^{\frac{2}{n}} \lambda(\mathbb{S}^n), \tag{2.3.15}$$

where $\lambda(M)$ denote the Yamabe invariant of (M, g) and $\lambda(\mathbb{S}^n)$ the one of $\mathbb{S}^n$.

We have to point out that (2.3.14) and (2.3.15) are optimal in the case where the metric g is Einstein.

The inequality (2.3.15) was proved by J.Petean and S.Ilias in [54] and [47], respectively by using analogous methods.

2.3.2   Yamabe Problem and conformal invariant $\lambda(M)$

Yamabe problem: Given a compact Riemannian manifold (M, g) without boundary of dimension $n \geq 3$, is there a metric $\widetilde{g}$ conformal to g which has constant scalar curvature $R_{\widetilde{g}} = \lambda$? We write $\widetilde{g} = u^{\frac{4}{n-2}} g$, $u > 0$. By a simple computation we obtain:

$$R_{\widetilde{g}} = u^{-\frac{n+2}{n-2}}(c_n \Delta u + Ru), \qquad (2.3.16)$$

where R is the scalar curvature and Δ the Laplacian of (M, g). Hence the Yamabe problem is equivalent to solve:

$$c_n \Delta u + Ru = \lambda u^{\frac{n+2}{n-2}}, \ u > 0 . \qquad (2.3.17)$$

We will use the following notations: $p = \frac{2n}{n-2}$ and $L = c_n \Delta + R$.
The operator L is called the conformal laplacian of (M, g). Equation (2.3.17) can be rewritten as

$$Lu = \lambda u^{p-1}, \ u > 0. \qquad (2.3.18)$$

Yamabe noticed that (2.3.17) is the Euler-Lagrange equation of the functional

$$Q_0(\widetilde{g}) = \frac{\int_M R_{\widetilde{g}} dv_{\widetilde{g}}}{\left(\int_M dv_{\widetilde{g}} \right)^{\frac{2}{p}}} \qquad (2.3.19)$$

when restricted to a conformal class $[g] = \{hg \ / \ h \in C^\infty(M), \ h > 0\}$, where $dv_{\widetilde{g}}$ is the volume form of $(M, \widetilde{g})$ and $h = u^{p-2}$, $u > 0$. In fact, on $[g]$ we can write $Q_0(\widetilde{g}) = Q_0(u^{p-2}g) = J(u)$, where

$$J(u) = \frac{\int_M uLu dv_g}{\left(\int_M u^p dv_g \right)^{\frac{2}{p}}} = \frac{\int_M (c_n |\nabla u|^2 + Ru^2) dv_g}{\|u\|_p^2}. \qquad (2.3.20)$$

We call $J(u)$ the Yamabe quotient of (M, g). Let u be a positive function in $C^\infty(M)$ and a critical point of J, then it is easy to see that u satisfies equation (2.3.17) with $\lambda = J(u)$.
By using a Hölder inequality, we derive that the functional J is bounded from below. The infimum

$$\lambda(M) = \inf \left\{ Q_0(\widetilde{g}) \ / \ \widetilde{g} \in [g] \right\} = \inf \left\{ J(u) \ / \ u \in C^\infty(M), \ u > 0 \right\} \qquad (2.3.21)$$

is a conformal invariant, which means that it is determined by the conformal class and is independent of the choice of the initial metric g in the conformal class. It is called the Yamabe invariant of (M, g).

We have the following results

Theorem.A([32, 33, 58, 59]). *The Yamabe problem can be solved on any compact manifold M with $\lambda(M) < \lambda(\mathbb{S}^n)$.*

Theorem.B: ([32, 33, 59]). *For any compact Riemannian manifold (M, g) without boundary, we always have $\lambda(M) \leq \lambda(\mathbb{S}^n) = n(n-1)\omega_n^{\frac{2}{n}}$.*

Theorem.A reduces the resolution of Yamabe problem to the estimate of the invariant $\lambda(M)$. In fact, if we can find a function $u \in L_1^2(M)$ such that $J(u) < \lambda(\mathbb{S}^n)$, then $\lambda(M) < \lambda(\mathbb{S}^n)$, hence the Yamabe problem has a solution.

In this way T.Aubin [33] proved the conjecture in the two following cases:

1) (M, g) is not a conformally flat compact Riemannian manifold of dimension $n \geq 6$.

2) (M, g) is a locally conformally flat compact Riemannian manifold of dimension $n \geq 3$ and finite Poincaré group, not conformal to $(\mathbb{S}^n, can)$.

R. Schoen [56] solved all the remaining cases of the Yamabe problem, using the positive mass theorem.

We remark that for the case where (M, g) is conformal to $\mathbb{S}^n$, the Yamabe problem clearly has a solution. If $\Phi : M \to \mathbb{S}^n$ is a conformal diffeomorphism then $\Phi^*(g_0) = f g$, where g_0 is the standard metric of $\mathbb{S}^n$ and f a positive function in $C^\infty(M)$, clearly fg has constant scalar curvature.

Besides the proof of T.Aubin and R.Schoen of the Yamabe problem, another proof by A.Bahri [34], A.Bahri-H.Brézis [35] of the same conjecture is available using the theory of critical points at infinity.

2.3.3   Symmetrization method and applications

In the following we give lower bounds for the first eigenvalue of the conformal Laplacian of the manifold (M, g), that we denote by $\mu_1(M)$ and its Yamabe invariant $\lambda(M)$. The method we use here is inspired by the one used in [42] and [43]. We begin by the case of the least eigenvalue of the Laplacian and the proof obtain Proposition. 2.1.

Proof of Proposition. 2.1.

Let (M, g) be a compact Riemannian manifold which satisfies the isoperimetric inequality (2.3.3). One can apply the symmetrization process described in [38, 39, 57] or [42, 43] to symmetrize a smooth function f into a radial function f^* on the model space $(\mathbb{S}^n, can)$. The function f^* is in $H^1(\mathbb{S}^n)$, radial (w.r.t. the north pole) and satisfies

$$\begin{cases} \omega_n \int_M f^q dv_g & = \quad V \int_{\mathbb{S}^n} f^{* \, q} dv, \text{ for all real } q \geq 1, \\[2mm] \omega_n \int_M |\nabla f|^2 dv_g & \geq \quad V(\frac{a}{d})^2 \int_{\mathbb{S}^n} |\nabla f^*|^2 \, dv. \end{cases} \qquad (2.3.22)$$

The first identity of (2.3.22) derives from the coarea formula (see [36]) and the second can be proved through coarea formula, isoperimetric inequality of [37] and the Cauchy-Schwarz inequality .

The inequality of Hardy-Littlewood-Polya [57], formulas (60) and (13)) implies

$$\int_M Rf^2 dv_g \geq \beta \int_0^{\omega_n} \left[R_+^*(V - \beta u) - R_-^*(\beta u) \right] f^{*2}(u) du, \qquad (2.3.23)$$

where $R_+^*(V - \beta u)$ is the the increasing symmetric rearrangement of R_+ and $R_-^*(\beta u)$ (respectively $f^*(u)$) the decreasing symmetric rearrangement of R_- (resp. of f). Then we apply at the right handside of (2.3.23) the following Steffensen inequality (one can see D.S Mitrinović [50]):

Theorem ([50]). *Let φ and ψ be two given integrable functions defined on the interval (a, b) such that φ is decreasing and $0 \leq \psi \leq 1$ on (a, b), then:*

$$\int_{b-\gamma}^b \varphi(t) dt \leq \int_a^b \varphi(t) \psi(t) dt \leq \int_a^{a+\gamma} \varphi(t) dt,$$

where $\gamma = \int_a^b \psi(t) dt$.

We obtain

$$\int_M Rf^2 dv_g \geq \beta \left[\sup R_+^* \int_{\gamma_+}^{\omega_n} f^{*2}(u) du - \sup R_-^* \int_0^{\gamma_-} f^{*2}(u) du \right],$$

with

$$\gamma_+ \quad = \quad \omega_n - (\beta \sup R_+^*)^{-1} \int_0^V R_+^*(V - u) du ,$$

and

$$\gamma_- \quad = \quad (\beta \sup R_-^*)^{-1} \int_0^V R_-^*(u) du.$$

We identify R_+^* (resp. R_-^*) with a function $R_+^*(\pi - r)$ (resp. $R_-^*(r)$) of the distance to the north pole. Let $\widetilde{R}_+$ and $\widetilde{R}_-$ be the radial functions defined on $\mathbb{S}^n$ as follows

$$\widetilde{R}_+(r) = \begin{cases} (\frac{d}{a})^2 \sup R_+^* & on \quad [\pi - r_1, \pi], \\ 0 & on \quad [0, \pi - r_1], \end{cases} \tag{2.3.24}$$

and

$$\widetilde{R}_-(r) = \begin{cases} (\frac{d}{a})^2 \sup R_-^* & on \quad [0, r_2], \\ 0 & on \quad [r_2, \pi]. \end{cases} \tag{2.3.25}$$

We have

$$(\frac{d}{a})^2 \sup R_+^* \int_{\gamma_+}^{\omega_n} f^{*2}(u)du = \omega_{n-1} \int_{\pi - r_1}^{\pi} \widetilde{R}_+(r) f^{*2}(r)(\sin r)^{n-1} dr$$

and

$$(\frac{d}{a})^2 \sup R_-^* \int_0^{\gamma_-} f^{*2}(u)du = \omega_{n-1} \int_0^{r_2} \widetilde{R}_-(r) f^{*2}(r)(\sin r)^{n-1} dr.$$

Therefore, we obtain

$$\int_M R f^2 dv_g \geq \beta(\frac{a}{d})^2 \int_{\mathbb{S}^n} (h_+ - h_-) f^{*2}(v) dv, \tag{2.3.26}$$

and finally using (2.3.22),

$$\frac{\int_M f L f dv_g}{\int_M f^2 dv_g} \geq (\frac{a}{d})^2 \frac{\int_{\mathbb{S}^n} [c_n |df^*|^2 + (h_+ - h_-) f^{*2}] dv}{\int_{\mathbb{S}^n} f^{*2} dv}. \tag{2.3.27}$$

Hence we end the proof by using the fact that the least eigenvalue is the infimum of the Rayleigh quotient. $\qquad\square$

In the sequel we deal with the Yamabe invariant $\lambda(M)$ of (M, g) introduced in (2.3.21). Since this invariant can be expressed in terms of Rayleigh quotient as

$$\lambda(M) = \inf_u \frac{\int_M (c_n |\nabla u|^2 + R u^2) dv_g}{\left(\int_M u^p dv_g\right)^{\frac{2}{p}}}, \tag{2.3.28}$$

where the infimum is taken over all smooth real-valued positive functions u on M, we can use the same techniques introduced above in the aim to give bounds for $\lambda(M)$. Let $\rho(\mathbb{S}^n)$ be the least eigenvalue on $\mathbb{S}^n$ of

$$c_n \Delta u + hu = \rho u^{\frac{n+2}{n-2}}, \tag{2.3.29}$$

where $h = h_+ - h_-$ is given by (2.3.6) and (2.3.7).

Proof of Theorem. 2.1.

We begin the proof by providing a lower bound for the Yamabe invariant $\lambda(M)$ with the use of the symmetrization method given in Proposition. 2.1. For a positive function f in $C^\infty(M)$, we consider its decreasing symmetric rearrangement f^*. Let R be the scalar curvature of (M, g) and h the function defined on the unit sphere by (2.3.6) and (2.3.7).

Following the same steps as in the proof of Proposition. 2.1, and applying (2.3.22) for $q = p$, we obtain

$$\frac{\int_M \left(c_n |\nabla f|^2 + Rf^2\right) dv_g}{\left(\int_M f^p dv_g\right)^{\frac{2}{p}}} \geq \frac{\beta}{\beta^{\frac{2}{p}}} \left(\frac{a}{d}\right)^2 \frac{\int_{\mathbb{S}^n} \left(c_n |\nabla f^*|^2 + hf^{*2}\right) dv}{\left(\int_{\mathbb{S}^n} f^{*p} dv\right)^{\frac{2}{p}}}, \tag{2.3.30}$$

and hence

$$\lambda(M) \geq (a/d)^2 \beta^{\frac{2}{n}} \rho(\mathbb{S}^n). \tag{2.3.31}$$

$\square$

Proof of Theorem. 2.2.

From Theorem. 2.1, we have

$$\lambda(M) \geq (a/d)^2 \beta^{\frac{2}{n}} \rho(\mathbb{S}^n).$$

On the other hand $\lambda(M)$ is upper bounded by $\lambda(\mathbb{S}^n)$, and since in this case $R_- = 0$, we derive that $(a/d)^2 \beta^{\frac{2}{n}} \rho(\mathbb{S}^n) \leq \lambda(\mathbb{S}^n)$. Hence, if $(a/d)^2 \beta^{\frac{2}{n}} \rho(\mathbb{S}^n) \geq \lambda(\mathbb{S}^n)$, then the equality $\lambda(M) = \lambda(\mathbb{S}^n)$ holds and (M, g) is conformally diffeomorphic to the unit sphere $\mathbb{S}^n$, which completes the proof. $\square$

As a consequence of Proposition. 2.1 and Theorem. 2.1 in the case where $Ric \geq n - 1$ (take $\alpha = d$ and $\varepsilon = 1$ in (2.3.3)), we obtain the corollary given in the introduction.

Proof of corollary. 2.1. Since the scalar curvature $R \geq n(n-1)$ we derive the following inequalities

$$\inf_f \frac{\int (c_n |\nabla f|^2 + Rf^2) dv_g}{\int f^2 dv_g} \geq \inf_f \frac{\int (c_n |\nabla f|^2 + n(n-1)f^2) dv}{\int f^2 dv}$$

and

$$\inf_f \frac{(\int c_n |\nabla f|^2 + R f^2) dv_g}{(\int f^p dv_g)^{\frac{2}{p}}} \geq \inf_f \frac{\int (c_n |\nabla f|^2 + n(n-1) f^2) dv}{(\int f^p dv)^{\frac{2}{p}}},$$

where the infimum is taken over all smooth real-valued positive functions f on M. The same arguments as in the proof of Proposition. 2.1 and Theorem 2.1 enable us to lowerbound the right hand sides of these inequalities by $\mu_1(\mathbb{S}^n)$ and $\beta^{\frac{2}{n}} \lambda(\mathbb{S}^n)$, respectively.   □

Chapter 3

Prescription de la courbure de Webster sur la sphère $\mathbb{S}^3$

(Publié dans "Calculus of Variations and Partial Differential Equations, 10.1007/s00526-010-0382-7".)

Le problème de la prescription de la courbure est présenté comme un théorème d'uniformisation. Cependant dans le cadre classique des théorème d'uniformisation on restreint la recherche de métrique à une classe conforme. Le cadre dans lequel nous travaillons est le cadre des variétés de Cauchy Riemann. Étant donnée une fonction $K : M \longrightarrow \mathbb{R}$ de classe $\mathcal{C}^2$ positive. Trouver des conditions sur K pour qu'elle soit la courbure de Webster associée a une forme de contact $\widetilde{\theta}$ conforme à la forme de contact standard θ de M. Ce problème revient à chercher une solution u strictement positive de l'équation $L_\theta u = K_{\widetilde{g}} u^{2+\frac{2}{n}}$ dans M. Notre approche nécéssite une analyse très fine de la fonctionnelle J associée à ce problème, son gradient et la caractérisation des points critiques à l'infini dans un voisinage noté $V(p; \epsilon)$, où la condition de Palais-Smale n'est pas satisfaite.

3.1   Historique

Les travaux présentés dans ce contexte se situent à l'intersection de l'analyse et de la géométrie. Le cadre dans lequel nous nous plaçons est en connexion avec la résolution des équations aux dérivées partielles non-linéaires. Les équations considérées dans ces travaux sont relativement générales et peuvent être reliées à des contextes variés. La géométrie conforme, L'invariance conforme, le problème de Yamabe, la prescription de la courbure de Webster, ...

Dans un premier temps, considérons des questions issues de la géométrie conforme, (M, g) désignera une variété Riemannienne compacte sans bord de dimension n. Deux métriques g et $\widetilde{g}$ sur M sont dites conformes s'il existe une fonction $f \in C^1(M)$ telle que $f > 0$ et $\widetilde{g} = f.g$. La version Cauchy-Riemann (CR) de ces problèmes a été introduite par D.Jerison et J.M.Lee en 1987.

La résolution de ces problèmes est essentiellement analytique et montre de manière claire les liens existant entre la géométrie et l'analyse. Cela a ouvert la voie à plusieurs domaines de recherche intéressants concernant les EDPs non linéaires et les inégalités de Sobolev. R.Schoen utilisait dans [?] le théorème de la masse positive qui provient de la relativité. Cela montrait une fois de plus la richesse du problème. Cette diversité des domaines mathématiques impliqués dans le problème de Yamabe a donné naissance à un nombre important de sujets de recherche passionnants. Les chapitres de cette thèse, bien que touchant à des sujets différents font partie de ces questions .

Par ailleurs, lorsque la métrique g est associée à une structure de contact alors $K_{\widetilde{\theta}}$ coïncide avec la courbure de Webster. Étant données une structure de contact θ et une classe de métriques conforme à celle associée à θ, le problème de Yamabe CR consiste à trouver la métrique corespondante à une forme de contact conforme à θ de courbure de Webster constante. Ce problème fait l'objet d'une vaste littérature.

Le problème de la courbure scalaire a été étudié par plusieurs auteurs: J. Kazdan and F. Warner, T.Aubin, T.Aubin-A.Bahri, T.Aubin-E.Hebey, A.bahri, A.bahri-J.M.Coron, J.Escobar-R.Schoën, S.Y.Chang-P.Yang, W.X.Chen-W.Ding, C.Hong, J.Moser, ...

Concernant le problème de la courbure de Webster scalaire sur les variétés de Cauchy Riemann, nous pouvons citer: [28], [16], et [18].

Notre premier objectif était d'étendre le problème de Kazdan Warner sur les variétés CR, en utilisant des méthodes tolopogiques et dynamiques (théorie de Morse, Lemmes de déformations) afin d'obtenir, sous de nouvelles conditions sur la courbure de Webster K_θ, un résultat d'existence sur $\mathbb{S}^3$. Le deuxième objectif est d'éliminer l'hypothèse de nondégénéréssance.

3.2 Position du problème : Le modèle mathématique

Étant donnée (M, θ) une variété de Cauchy-Riemann réelle orientable compacte de dimension $2n + 1$ sans bord de classe $\mathcal{C}^\infty$ de dimension supérieure où égale à 3, munie d'une forme de contact θ et de courbure de Webster R_θ. Soit K une fonction positive de classe $\mathcal{C}^2$, le problème de Kazdan Warner consiste à trouver des conditions sur K pourqu'elle soit la courbure de Webster scalaire associée à une forme de contact $\widetilde{\theta}$ conforme à θ.

Ce problème se reformule en une équation aux dérivées partielles:
On cherche une nouvelle forme de contact $\widetilde{\theta}$ sous la forme $\widetilde{\theta} = u^{\frac{2}{n}}\theta$, où u est une solution de l'équation suivante:

$$\begin{cases} L_\theta = K\, u^{1+\frac{2}{n}} & \text{dans } M \\ u > 0 \end{cases},$$

où $L_\theta := (2+\frac{2}{n})\Delta_\theta + R_\theta$ est le Laplacien conforme CR sur M, où Δ_θ est l'opérateur sous-laplacien et R_θ est la courbure scalaire de Webster associée à θ.

3.3 Préliminaires et rappels

3.3.1 La structure CR

Définition. 3.1 *Soit M une variété compacte orientable de dimension $2n+1$. Une structure CR sur M est la donnée d'un sous fibré complexe $T_{0,1}$ du complexifié du fibré tangent de M, $\mathbb{C}TM$ qui satisfait les conditions suivantes :*

· $dim(T_{1,0}) = n$,

· $T_{1,0} \bigcap T_{0,1} = \{0\}$ *avec* $T_{0,1} = \overline{T_{1,0}}$,

· $T_{1,0}$ *est intégrable au sens de Frobenius càd* $[T_{1,0}, T_{1,0}] \subset T_{1,0}$.

On appelle variété CR toute variété de dimension impaire munie d'une structure CR.

Définition. 3.2 *La structure réelle CR sur* M *est la donnée de la paire* (H, J), *où* H *est le sous fibré de* TM *de dimension* $2n$ *donné par :*

$$H = Re(T_{1,0} \oplus T_{0,1}) ,$$

et J *est la structure complexe* $J : H \longrightarrow H$ *définie par:*

$$J(v + \overline{v}) = i(v - \overline{v}) \ \forall v \ \in \ T_{1,0} .$$

3.3.2   La structure pseudohermitienne

Soit $E \subset T^*M$ le fibré réel suivant:

$$E = H^{\perp} = \big\{ \alpha \in T^*M; \ \alpha(X) = 0 \ ; \ \forall \ X \in H \big\}.$$

Comme M est orientable, H est orienté par sa structure complexe J, alors E est aussi orientable et de dimension 1, par suite E possède une section partout non nulle θ,
La 1-forme θ vérifie alors:

$$Ker(\theta) = H .$$

Définition. 3.3 . *Soit* θ *une section non nulle sur* E, *on appelle forme de Levi* L_θ *une forme bilinéaire symétrique réelle sur* H *associée à* θ *définie par:*

$$L_\theta(v, w) = d\theta(v, Jw) \ \ \forall v, w \ \in \ H .$$

L_θ est prolongée par linéarité complexe au $\mathbb{C}H$. Elle induit une forme hermitienne sur $T_{1,0}$ qu'on écrit:

$$L_\theta(v, \overline{w}) = -id\theta(v, \overline{w}) \ \ \forall v, w \ \in T_{1,0} .$$

Par un changement conforme (on pose $\widetilde{\theta} = f\theta$, où f est $C^\infty(M)$ positive), la forme de Levi associe à $\widetilde{\theta}$ est donnée en fonction de la forme de Levi associée à θ par:

$$L_{\widetilde{\theta}} = f L_\theta \ .$$

En effet

$$L_{\widetilde{\theta}}(V, W) = (d\widetilde{\theta})(V, JW) = \big(d(f\theta)\big)(V, JW) = d(f) \wedge \theta + f d\theta = f L_\theta(V, W) \ , \quad \forall V, \ W \in H \ .$$

3.3.3 Forme de contact

Définition. 3.4   *1. Une variété CR, (M, θ) est dite non dégénérée si la forme de Levi L_θ est non dégénérée.*

    2. (M, θ) est dite strictement pseudoconvexe si L_θ est définie positive, dans ce cas θ est appelée forme de contact de M.

    3. Soit M une variété orientable, la structure pseudohermitienne sur M est le choix d'une structure CR avec la donnée d'une forme de contact.
Dans ce cas M est munie d'une forme volume $\theta \wedge (d\theta)^n$.

3.3.4 Champs de repères sur $\mathbb{C}TM$

Soit M une variété CR et soit $H = Re(T_{1,0} \oplus T_{0,1})$ son sous fibré réel de dimension $2n$. Soit $\{X_1, ..., X_{2n}\}$ une base locale orthonormée de H, c'est à dire:

$$L_\theta(X_i, X_j) = \delta_{ij} \ .$$

Définition. 3.5 *Soit $\{T_\alpha\}_{1 \le \alpha \le n}$ une base locale orthonormée de $T_{1,0}$ définie sur un ouvert $V \subseteq M$. Une telle base est considéré comme une base pseudohermitienne.*

De même, on munit $T_{0,1}$ d'une famille de champs de vecteurs générateurs $\{T_{\overline{\alpha}}\}_{\overline{\alpha} = \alpha + n}$, où $T_{\overline{\alpha}} = \overline{T}_\alpha$.

Définition. 3.6 *On définit sur $\mathbb{C}TM$, un unique champ de vecteurs T dit champ de Reeb défini par:*

$$\theta(T) = 1 \ et \ d\theta(T, X) = 0 \ \forall X \in H \ .$$

Proposition. 3.1 *Soit M une variété CR de forme de contact θ et soit T sont champ de Reeb alors:*

$$TM = H \oplus \mathbb{R}T \ .$$

3.3.5   Métrique de Webster

Définition. 3.7 *Soit* (M, θ) *une variété CR non dégénérée. On définit une métrique sur* (M, θ) *appelée métrique de Webster par:*

$$\begin{cases} g_\theta(X, Y) = L_\theta(X, Y) \,, \\ g_\theta(X, T) = 0 \quad \forall X, \, Y \in H \,, \\ g_\theta(T, T) = 1 \,. \end{cases}$$

(M, θ) *est alors une variété semi-riemannienne.*

On remarque que si (M, θ) est une variété pseudohermitienne alors (M, g_θ) est une variété riemannienne.

Si on pose $\tilde{\theta} = f\theta$ alors la métrique de Webster associée à $\tilde{\theta}$ notée $g_{\tilde{\theta}}$ est donnée par:

$$g_{\tilde{\theta}} = f g_\theta \,.$$

En effet:

$$g_{\tilde{\theta}}(X, Y) = L_{\tilde{\theta}}(X, Y) = f L_\theta(X, Y) = f g_\theta(X, Y) \quad \forall X, Y \in H \,.$$

3.3.6   La connexion de Tanaka-Webster

Soit M une variété CR, si ∇_θ est une connexion linéaire sur M notons par T_{∇_θ} le tenseur torsion de ∇_θ.

Définition. 3.8 *La Torsion* T_{∇_θ} *est dite pure si on a:*

1. $T_{\nabla_\theta}(Z, W) = 0$,

2. $T_{\nabla_\theta}(Z, \overline{W}) = 2i L_\theta(Z, \overline{W}) T \quad \forall \, Z, W \in T_{1,0}$.

3. $\tau \circ J + J \circ \tau = 0$.   *où* $\tau X = T_{\nabla_\theta}(T, X) \; \forall \, X \in TM$.

Théorème. 3.1 *Soit* (M, θ) *une variété CR, J la structure complexe sur H et* g_θ *la métrique de Webster, alors il existe une unique connexion linéaire* ∇_θ *sur M qui satisfait aux axiomes suivants:*

1. $(\nabla_\theta)_X Y \in \chi(H) \;\; \forall\, Y \in \chi(H) \; et \; Y \in \chi(H)$,

2. $\nabla_\theta J = 0 \; et \; \nabla_\theta g_\theta = 0$,

3. La torsion T_{∇_θ} est pure .

Cette connexion ∇_θ est appelée la connexion de Tanaka-Webster.

3.3.7 La torsion pseudohermitienne

Définition. 3.9 *Soit M une variété pseudohermitienne, on définit la torsion pseudohermitienne sur* TM *par:* $\;\; \tau X = T_{\nabla_\theta}(T, X) = (\nabla_\theta)_T X - [T, X], \; \forall\, X \in TM$.

Soit τ la torsion pseudohermitienne définie sur $T_{1,0}$ alors

$$\tau X \in T_{0,1}, \; \forall\, X \in T_{1,0} \; .$$

Soit M une variété CR, alors le tenseur de torsion est donné par:

$$T_{\nabla_\theta} = 2(\theta \wedge \tau - \Omega \otimes T) \; ,$$

avec Ω est la 2-forme définie par:

$$\Omega(X, Y) = g_\theta(X, JY) = -d\theta(X, Y) \; .$$

3.3.8 Exemple de variétés CR: Le groupe de Heisenberg $\mathbb{H}^n$

Le groupe de Heisenberg $\mathbb{H}^n$ est un groupe de lie dont la variété sous-jacente est $\mathbb{C}^n \times \mathbb{R}$ muni de la loi suivante:

$$(z, t) * (z', t') = (z + z', t + t' + 2Im(zz')) \; \forall\; z, z' \in \mathbb{C}^n \; et \; t, t' \in \mathbb{R} \; ,$$

avec $zz' = \sum_{1 \le j \le n} z^j \bar{z}'^j$.

$\mathbb{H}^n$ est un groupe non commutatif dont l'élément neutre est l'origine $(0, 0)$ et l'inverse de (z, t) et donnée par $(-z, -t)$.

Soit $\{T_j\}_{1 \le j \le n}$ un système de champs de vecteurs sur $\mathbb{H}^n$ défini par :

$$T_j = \frac{\partial}{\partial z_j} + i\bar{z}_j \frac{\partial}{\partial t} \; ,$$

$$T_{\bar{j}} = \overline{T_J} = \frac{\partial}{\partial \bar{z}_j} - iz_j \frac{\partial}{\partial t} \ .$$

Alors:

$$T_{1,0}(\mathbb{H}^n) = \sum_{1 \leq j \leq n} \mathbb{C}T_{j,(z,t)} \quad et \quad T_{0,1}(\mathbb{H}^n) = \sum_{1 \leq j \leq n} \mathbb{C}T_{\bar{j},(z,t)} \ .$$

En utilisant le système de coordonnées réelles (x, y, t) obtenu à partir de $z_j = x_j + iy_j$ on a un autre système de générateurs formé de champs réels pour $1 \leq j \leq n$:

$$X_j = \frac{\partial}{\partial x_j} + 2y_j \frac{\partial}{\partial t} \ ,$$
$$Y_j = \frac{\partial}{\partial y_j} - 2x_j \frac{\partial}{\partial t} \ ,$$
$$T = \frac{\partial}{\partial t} \ .$$

On a $(X_1, ...X_n, Y_1, ...Y_n, T)$ est un champ de repères sur $\mathbb{H}^n$ et $H = Re(T_{1,0} \oplus T_{0,1})$, dans le cas d'un groupe de Heisenberg $\mathbb{H}^n$, est engendré par $(X_1, ...X_n, Y_1, ...Y_n)$. Ainsi on a les relations de commutativité suivantes:

$$[Y_j, X_k] = 4\delta_{jk}T \ ,$$

$$[X_j, X_k] = [Y_j, Y_k] = [Y_j, T] = [X_j, T] = 0 \ ,$$

$$[T_j, \overline{T_k}] = -2i\delta_{jk}T \ ,$$

$$[T_j, T_k] = [\overline{T_j}, \overline{T_k}] = [T_j, T] = [\overline{T_j}, T] = 0 \ .$$

La forme de contact canonique sur $\mathbb{H}^n$ est donnée par:

$$\theta_0 = dt + 2 \sum_{1 \leq j \leq n} (x_j dy_j - y_j dx_j) \ ,$$

$$\theta_0 = dt + i \sum_{1 \leq j \leq n} (z^j d\bar{z}^j - \bar{z}^j dz^j) \ .$$

La forme de Levi associée à θ_0 est donnée par:

$$L_{\theta_0}(X, \overline{Y}) = -id\theta_0(X, \overline{Y}) \ \forall \ X, Y \in T_{1,0} \ ,$$

avec:

$$d\theta_0 = 2i \sum_{1 \le j \le n} dz^j \wedge d\bar{z}^j \ .$$

Soit $\xi \in \mathbb{H}^n$ alors la norme de ξ est donnée par:

$$|\xi|_{\mathbb{H}^n} = |(z,t)|_{\mathbb{H}^n} = (|z|^4 + t^2)^{\frac{1}{4}} \ .$$

La dilatation est donnée par:

$$\xi = (z,t) \longmapsto \delta\xi = (\delta z, \delta^2 t) \ .$$

3.3.9   Les espaces de Folland-Stein

Les espaces de Folland-Stein sont les analogues CR des espaces de Sobolev dans le cadre Riemannien. Soit U un sous ensemble relativement compact d'un voisinage de coordonnées normales dans (M, θ) d'origine a, et soit une base pseudohermitienne $\{Z_1, ..., Z_n\}$.
On note pour $j = 1, ..., n$:

$$X_j = Re Z_j, \quad X_{j+n} = Im Z_j \ ,$$
$$X^\alpha = X_{\alpha_1}....X_{\alpha_k}, \text{ où } \alpha_j \text{ est un entier, } 1 \le \alpha_j \le 2n \text{ et } l(\alpha) = k \ .$$

Définition. 3.10 *L'espace de Folland-Stein* $S_k^p(U)$ *est le complédté de* $C_0^\infty(U)$ *pour la norme* $\|.\|_{S_k^p(U)}$ *donnée par*

$$\|f\|_{S_k^p(U)} = \sup_{l(\alpha) \le k} \|X^\alpha f\|_{L^p(U)} \ .$$

Où

$$\|g\|_{L^p(U)} = \left(\int_U |g|^p \theta \wedge d\theta^n \right)^{\frac{1}{p}} \ .$$

La distance sur U est donnée par:

$$\rho(x,y) = |exp_a^{-1}(x) - exp_a^{-1}(y)|_{\mathbb{H}^n} \ .$$

Définition. 3.11 i- *Pour $0 < \beta < 1$, on définit:*

$$\Gamma_\beta(U) = \left\{ f \in C^0(\bar{U}) : |f(x) - f(y)| \leq C\rho(x,y)^\beta \right\}$$

munie de la norme:

$$\|f\|_{\Gamma_\beta(U)} = \sup_{x \in U}|f(x)| + \sup_{x,y \in U} \frac{|f(x) - f(y)|}{\rho(x,y)^\beta}$$

ii- *Pour $k \in \mathbb{Z}$, $k \geq 1$, et $k < \beta < k+1$, on définit:*

$$\Gamma_\beta(U) = \left\{ f \in C^0(\bar{U}) : X^\alpha f \in \Gamma_{\beta-k}(U), l(\alpha) \leq k \right\}$$

munie de la norme:

$$\|f\|_{\Gamma_\beta(U)} = \sup_{x \in U}|f(x)| + \sup_{x,y \in U,\, l(\alpha) \leq k} \frac{|(X^\alpha f)(x) - (X^\alpha f)(y)|}{\rho(x,y)^{\beta-k}} \, .$$

Définition. 3.12 .
Soit M une variété compacte strictement pseudoconvexe et pseudohermitienne. Soit $\{U_1, ..., U_m\}$ un recouvrement fini d'ouverts tel que chaque U_j, $1 \leq j \leq n$ a les mêmes propriétés que U. Soit ϕ_i une partition C^∞ de l'unité subordonnée à ce recouvrement, on définit ainsi:

$$S_q^p(M) = \left\{ f \in L^1(M) : \phi_j f \in S_k^p(U_j) \; \forall\, j \right\},$$

$$\Gamma_\beta(M) = \left\{ f \in C^0(M) \cdot \phi_j f \in \Gamma_\beta(U_j) \; \forall\, j \right\}.$$

Définition. 3.13 i *Pour $0 < \beta < 1$, on définit l'espace standard de Hölder $\Lambda_\beta(U)$ par:*

$$\Lambda_\beta(U) = \left\{ f \in C^0(\bar{U}) : |f(x) - f(y)| \leq C\|x - y\|^\beta \right\}$$

muni de la norme:

$$\|f\|_{\Lambda_\beta(U)} = \sup_{x \in U}|f(x)| + \sup_{x,y \in U} \frac{|f(x) - f(y)|}{\|x - y\|^\beta}$$

ii *Pour $k < \beta < k+1$, k entier ≥ 1*

$$\Lambda_\beta(U) = \left\{ f \in C^0(\bar{U}) : (\frac{\partial}{\partial x})^\alpha f \in \Lambda_{\beta-k}(U) \text{ pour } l(\alpha) \leq k \right\}$$

Proposition. 3.2 .

Pour $\beta \in [0,\infty]\backslash\mathbb{Z}$, $1 < r < \infty$, $k \in \mathbb{Z}, k \geq 1$, *il existe une constante* $C > 0$ *telle que si* $f \in C_0^\infty(U)$ *on a:*

1. $\|f\|_{L^s(U)} \leq \|f\|_{S_k^r(U)}$, *où* $\frac{1}{s} = \frac{1}{r} - \frac{k}{(2n+2)}$ *et* $1 < r < s < \infty$.

2. *Si* $1 < r < s < \infty$ *et* $\frac{1}{s} = \frac{1}{r} - \frac{1}{(2n+2)}$, *alors la boule unité de* $S_1^r(U)$ *est compacte dans* $L^s(U)$.

3. $\|f\|_{\Gamma_\beta(U)} \leq C\|f\|_{S_k^r(U)}$ *où* $\frac{1}{r} = \frac{(k-\beta)}{(2n+2)}$.

4. $\|f\|_{\Lambda_{\frac{\beta}{2}}(U)} \leq C\|f\|_{\Gamma_\beta(U)}$.

5. $\|f\|_{S_2^r(U)} \leq C(\|\Delta_\theta f\|_{L^r(U)} + \|f\|_{L^r(U)})$.

6. $\|f\|_{\Gamma_{\beta+2}(U)} \leq C(\|\Delta_\theta f\|_{\Gamma_\beta(U)} + \|f\|_{\Gamma_\beta(U)})$.

La constante C *dépend uniquement de la base* $\{Z_1, ..., Z_n\}$.

Proposition. 3.3 .

Soit $u, v \in L_{loc}^1(U)$ *et* $\Delta_\theta u = v$ *au sens des distributions sur* U, *alors pour tout* η *dans* $C_0^\infty(U)$ *on a:*

1. *Si* $v \in L^r(U)$, $n + 1 < r \leq \infty$, *alors* $\eta u \in \Gamma_\beta(U)$ *où* $\beta = 2 - (2n+2)/r$.

2. *Si* $v \in S_k^r(U)$, $1 < r < \infty$, $k = 0, 1, 2...$, *alors* $\eta u \in S_{k+2}^r(U)$.

3. *Si* $v \in \Gamma_\beta(U)$, $\beta \in [0,\infty]\backslash\mathbb{Z}$ *alors* $\eta u \in \Gamma_{\beta+2}(U)$.

3.4 Article2 (The Webster scalar curvature revisited. The case of the three dimensional CR sphere.)

The Webster scalar curvature revisited. The case of the three dimensional CR sphere.

Abstract: In this paper we consider the problem of prescribing the Webster scalar curvature on the three CR sphere of $\mathbb{C}^2$. We use techniques related to the theory of critical points at infinity, and obtain existence results for curvature satisfying an assumption of Bahri-Coron type.

Mathematics Subject Classification (2000): 32V20, 32V05, 58E05,57R70, 35J65.
Key words: Analysis on CR manifolds, CR structure, Critical point at infinity, Kazdan Warner identity, Morse lemma at infinity, Webster scalar curvature.
Mots clés: Analyse sur les variétés CR, Structure CR, point critique à l'infini, identité de Kazdan Warner, Lemme de Morse à l'infini, courbure scalaire de Webster.

3.4.1 Introduction and Main Results

Let $\mathbb{S}^{2n+1}$ be the unit sphere of $\mathbb{C}^{n+1}$ endowed with its standard contact form θ_1, and $K : \mathbb{S}^{2n+1} \to \mathbb{R}$ be a given C^2 positive function. Our aim is to find suitable conditions on K such that there exits a contact form on $\mathbb{S}^3$, $\tilde{\theta}_1$ conformal to θ_1 having K as Webster scalar curvature, while multiplicity results for such problems will be discussed in a forthcoming paper.

This problem is equivalent to solving the following semi-linear equation:

$$\begin{cases} L_{\theta_1} u = K\, u^{1+\frac{2}{n}} & \text{on } \mathbb{S}^{2n+1} \\ u > 0 \end{cases} \tag{3.4.1}$$

where L_{θ_1} is the conformal laplacian of $\mathbb{S}^{2n+1}$, $L_{\theta_1} = (2+\frac{2}{n})\Delta_{\theta_1} + R_{\theta_1}$, where $\Delta_{\theta_1} = \Delta_{\mathbb{S}^{2n+1}}$ and $R_{\theta_1} = \frac{n(n+1)}{2}$ are respectively the sublaplacian operator and the Webster scalar curvature of $(\mathbb{S}^{2n+1}, \theta_1)$.

The countaerpart for problem for Riemannian manifolds is known to be the classical Nirenberg problem ([25], [14],) which has been studied by various authors for the dimensions 2, 3 and 4 (see [12], [10], [3], [20], [7], [9], and [5]), as well as in high dimensions (see [2], [11] and [26]).

For the CR framework one can see [28], [16], and [18]. In [16], the authors under cylindrical symmetries hypothesis on the prescribed scalar curvature, proved some existence results by using variational and perturbation techniques.

In the present paper the case $n = 1$, we deal with the same techniques given in [18] precisely we use a natural Euler-Poincaré Characteristic argument, while for the dimensions $n \geq 2$ we would not lead by such argument to an existence result. The main ingredients used in this paper are the construction of a pseudo-gradient and the use of suitable parameters in order to complete a Morse lemma at infinity analogous to the ones given for the Riemannian case in [1], [2] and [5].

Let $S_1^2(\mathbb{S}^{2n+1})$ be the completion of $C^\infty(\mathbb{S}^{2n+1})$ by means of the norm $\|u\|^2 = \int_{\mathbb{S}^{2n+1}} L_{\theta_1} u\, u\, \theta_1 \wedge d\theta_1^n$, $\Sigma = \{u \in S_1^2(\mathbb{S}^{2n+1})/\|u\| = 1\}$ and $\Sigma^+ = \{u \in \Sigma/\ u \geq 0\}$.

For $u \in S_1^2(\mathbb{S}^{2n+1})$, we define :

$$J(u) = \frac{\|u\|^2}{\left[\int_{\mathbb{S}^{2n+1}} K\, u^{2+\frac{2}{n}}\, \theta_1 \wedge d\theta_1^n\right]^{\frac{n}{n+1}}}$$

If u is a critical point of the functional J in Σ^+, then $v = J(u)^{\frac{n}{2}}u$ is a solution of the equation (3.4.1), and hence the contact form $\theta = v^{\frac{2}{n}}\theta_1$ has a Webster scalar curvature R_θ equal to K.

Using the CR equivalence F induced by the Cayley transform (see definition 3.1 below) between $\mathbb{S}^{2n+1}$ minus a point and the Heisenberg group $\mathbb{H}^n$, equation

(3.4.1) is equivalent up to an influent constant to

$$\begin{cases} (2 + \frac{2}{n})\Delta_{\mathbb{H}^n} u = \tilde{K}\, u^{1+\frac{2}{n}} & \text{on } \mathbb{H}^n, \\ \qquad\qquad u > 0 \end{cases} \tag{3.4.2}$$

where $\Delta_{\mathbb{H}^n}$ is the sublaplacien of $\mathbb{H}^n$ and $\tilde{K} = K \circ F^{-1}$.

For Riemannian manifolds, the problem of prescribing a scalar curvature is known to be the Kazdan-Warner problem [25]; and it has been studied by various authors for the dimensions 2, 3 and 4 (see [12], [10], [3], [20], [7], [9], and [5]) as well as in high dimensions (see [2], [11] and [26]).

The functional J fails to satisfy the Palais-Smale condition denoted by (P.S) on Σ^+, one can find in [17] a description of the sequences which do not satisfy the (P.S) condition. Thinking of these sequences as "critical points", a natural idea is to expand the functional J near the sets of such "critical points", which reminds the Yamabe-type problem one can see [22], [23], [24], [17], [19], [8] and [18].

If $K : \mathbb{S}^{2n+1} \longrightarrow \mathbb{R}$ is a C^2 positive function, we say that K satisfies condition $(H.1)$, if for each critical point ξ_i, we have

$\quad \xi_i$ is a non degenerate critical point of K, such that $\Delta K(\xi_i) \neq 0$.

We denote by

$$I_1 := \{\xi_i \in \mathbb{S}^{2n+1} : \nabla_{\theta_1} K(\xi_i) = 0 \ \text{ and } \ -\Delta_{\theta_1} K(\xi_i) > 0\}. \tag{3.4.3}$$

We assume throughout this paper that K satisfies condition $(H.1)$.

Let $\tau_l = (i_1, \ldots, i_l)$ denote any l-tuple of $(1, \ldots, r_1)$, $1 \leq l \leq r_1$, define a matrix $M(\tau_l) = (M_{st})$ with

$$M_{ss} = \frac{-\Delta_{\theta_1} K(\xi_{i_s})}{3K^2(\xi_{i_s})} \tag{3.4.4}$$

$$M_{st} = -2\frac{\left(K(\xi_{i_s})K(\xi_{i_t})\right)^{\frac{-1}{2}}}{\|(\xi_{i_s} - \xi_{i_t})\|}, \quad 1 \leq s \neq t \leq l,$$

where $\| (\xi_{i_s} - \xi_{i_t}) \|$ is the distance by means of the Cayley transform between the points ξ_{i_s} and ξ_{i_t}.

We say that K satisfies $(H.2)$ if for each l-tuple of points $(\xi_{i_1}, \ldots, \xi_{i_l})$ with $\xi_{i_l} \in I_1$ for $l = 1, \ldots, r_1$ the corresponding matrix $M(\xi_{i_1}, \ldots, \xi_{i_l})$ is nondegenerate.

Theorem. 3.1 *Let $n = 1$, and assume that K satisfies $(H.1)$ and $(H.2)$. Then, the problem $(3.4.1)$ has a solution if*

$$\sum_{l=1}^{r_1} \sum_{\varrho(\xi_{i_1},\dots,\xi_{i_l})>0} (-1)^{4l-1-\sum_{j=1}^{l}\kappa_{i_j}} \neq 1 \,,$$

where κ_{i_j} denotes the Morse index of K at $\xi_{i_j} \in I_1$ and ϱ denotes the least eigenvalue of the matrix M defined in $(3.4.4)$.

We shall prove theorem. 3.1 by contradiction, therefore we assume that equation (3.4.1) has no solutions. Our argument is based on a technical Morse Lemma at infinity which involves the construction of a suitable pseudogradient for the functional J as in [1], [2], [5] and [18]. The (P.S) condition is satisfied along the decreasing flow lines of this pseudogradient, as long as these flow lines do not enter the neighborhood of a finite number of critical points of K, where the related matrix $M(\tau)$ is positive definite.

In the next section of the paper, we introduce the general framework, we begin by recalling the link between the equations (3.4.1) and (3.4.2) by means of the Cayley transform.

In the third section, we give an expansion of the functional near the sets of its critical points at infinity.

In section 4, we establish the Morse Lemma at infinity, which allows us to refine the expansion of the functional.

The last section is devoted to the proof of theorem. 3.1, this proof is based on the work of A.Bahri [1], [2].

Observe that our method is available for functions satisfying mixed hypothesis, more precisely we can consider a C^2 positive function $K : S^{2n+1} \longrightarrow \mathbb{R}$, satisfying condition $(H.3)$:
for each critical point ξ_i we have either

ξ_i is a non degenerate critical point of K, such that $\Delta K(\xi_i) \neq 0$.

Or, there exist $(b_j^i)_{1\leq j\leq 2n+1}$, $b_j^i \neq 0$ and $\Sigma_{j=1}^{2n+1} b_j^i \neq 0$ such that in some pseudo-hermitian normal coordinates centered at ξ_i, we have

$$K(\xi) = K(\xi_i) + \mathcal{B}_{\xi_i}\left[(\xi_i^{'-1}\xi')^{\beta_i}\right]\left[(\xi_i^{'-1}\xi')^{\beta_i}\right] + \mathcal{R}(\xi_i^{'-1}\xi')$$

where

$$\mathcal{B}_{\zeta_i} = \begin{pmatrix} b_1^i & 0 & \dots & & 0 \\ 0 & \ddots & \ddots & & \vdots \\ \vdots & \ddots & b_{2n}^i & & 0 \\ 0 & \dots & 0 & & b_{2n+1}^i \end{pmatrix}$$

$$\beta_i := \beta(\xi_i) \in (1,2), \ \xi_i^{'} = F(\xi_i), \ \xi^{'} = F(\xi) = (z,t) = (x_1, ..., x_{2n}, t) \in \mathbb{H}^n,$$
$$\left[(\xi_i^{'-1} \xi^{'})^{\beta_i} \right] = {}^t \left(|x_1 - x_1^{'}|^{\beta_i}, ..., |x_{2n} - x_{2n}^{'}|^{\beta_i}, |t - t^{'} - 2Imz.\overline{z^{'}}|^{\frac{\beta_i}{2}} \right)$$

and $\displaystyle\sum_{s=1}^{[2\beta_i]} |\nabla_{\theta_1}^s \mathcal{R}(\xi_i^{'-1} \xi^{'})| \ |[(\xi_i^{'-1} \xi^{'})^{-2\beta_i - s}]| = o(1)$ as $\xi^{'}$ tend to $\xi_i^{'}$, where $\nabla_{\theta_1}^s$ denotes all possible partial derivatives of order s and $[\beta_i]$ the integer part of β_i.

We denote by

$$I_2 := \{ \xi_i \in \mathbb{S}^{2n+1} : -\sum_{j=1}^{2n+1} b_j^i > 0 \}.$$

The index of K at $\xi_i \in I_2$ is the number of strictly negative coefficients b_j^i, we denote it by $m(\xi_i)$.

Note that in this case, there exist other critical points at infinity which are of the type $(\xi)_\infty$ for $\xi \in I_2$. Such a critical point at infinity has a Morse index equal to $3 - m(\xi)$.

With these notations, we obtain the following result.

Theorem. 3.2 *Let* $n = 1$, *and assume that* K *satisfies* (H.3) *and* (H.2). *Then, the problem* (3.4.1) *has a solution if*

$$\sum_{\xi \in I_2} (-1)^{3-m(\xi)} + \sum_{l=1}^{r_1} \sum_{\varrho(\xi_{i_1}, ..., \xi_{i_l}) > 0} (-1)^{4l - 1 - \sum_{j=1}^{l} \kappa_{i_j}} \neq 1 ,$$

where for $\xi_{i_j} \in I_1$, κ_{i_j} *denotes the Morse index of* K *at* ξ_{i_j} *and* $m(\xi) = \sharp\{j; b_j^\xi < 0\}$ *for* $\xi \in I_2$ *and* ϱ *denotes the least eigenvalue of the matrix* M *defined in* (3.4.4).

Acknowledgements: The authors would like to thank Mohameden Ould Ahmadou for his fruitful discussions and help.

3.4.2 Preliminary Tools:

The Heinserberg group $\mathbb{H}^n$ is the Lie group whose underlying manifold is $\mathbb{C}^n \times \mathbb{R}$, with coordinates $g = (z, t) = (z_1, ..., z_n, t)$ and whose law group is given by: $g \cdot g' = (z, t) \cdot (z', t') = (z + z', t + t' + 2Im z.\bar{z}')$, where $z.\bar{z}' = \sum_{j=1}^{j=n} z_j.\bar{z}_j'$. We define a norm in $\mathbb{H}^n$ by $\|g\|_{\mathbb{H}^n} = \|(z,t)\|_{\mathbb{H}^n} = (\|z\|^4 + t^2)^{\frac{1}{4}}$, and dilations by $g = (z,t) \to \lambda g = (\lambda z, \lambda^2 t)$, $\lambda > 0$. The CR structure on $\mathbb{H}^n$ is given by the left invariant vectors fields: $Z_j = \frac{\partial}{\partial z_j} + i\bar{z}\frac{\partial}{\partial t}$, $\bar{Z}_j = \frac{\partial}{\partial \bar{z}_j} - iz\frac{\partial}{\partial t}$, $(1 \leq j \leq n)$, which are homogenous of degree -1 with respect to the dilations, to obtain the contact form $\theta_0 = dt + \sum_{j=1}^n (iz_j d\bar{z}_j - i\bar{z}_j dz_j)$. We denote by Δ_{θ_0} the sublaplacian operator, $\Delta_{\theta_0} = -\frac{1}{2} \sum_{j=1}^n (Z_j\bar{Z}_j + \bar{Z}_jZ_j)$ and since the Webster scalar curvature R_{θ_0} is zero, the conformal laplacian L_0 is equal to $(2 + \frac{2}{n})\Delta_{\theta_0}$.

In $[J, L1]$, D.Jerison and J.M. Lee showed that all solutions of (3.4.2) are obtained from

$$w_{(0,1)}(z,t) = \frac{c_0}{|1 + |z|^2 - it|^n} \ , \quad c_0 > 0,$$

by left translations and dilations on $\mathbb{H}^n$. That is for $g_0 = (z_0, t_0)$, $g = (z,t)$ in $\mathbb{H}^n$ and $\lambda > 0$, we have

$$w_{(g_0,\lambda)}(z,t) = c_0 \frac{\lambda^n}{|1 + \lambda^2|z - z_0|^2 - i\lambda^2(t - t_0 - 2Im\,z_0\bar{z})|^n}$$

Next, we will introduce the Cayley transform.

Let $B^{n+1} = \{z \in \mathbb{C}^{n+1} \ / \ |z| < 1\}$ be the unit ball in $\mathbb{C}^{n+1}$ and $\mathcal{D}_{n+1} = \{(z,w) \in \mathbb{C}^n \times \mathbb{C} \ / \ Im(w) > |z|^2\}$ be the Siegel domain, where $\partial\mathcal{D}_{n+1} = \{(z,w) \in \mathbb{C}^n \times \mathbb{C} \ / \ Im(w) = |z|^2\}$.

Definition. 3.1 $[13]$ *The Cayley transform is*

$$\mathcal{C}(\zeta) = \left(\frac{\zeta'}{1 + \zeta_{n+1}} \ , \ i\frac{1 - \zeta_{n+1}}{1 + \zeta_{n+1}}\right) ; \quad \zeta = (\zeta', \zeta_{n+1}) \ , \quad 1 + \zeta_{n+1} \neq 0.$$

The Cayley transform gives a biholomorphism of the unit ball B^{n+1} in $\mathbb{C}^{n+1}$ onto the Siegel domain $\mathcal{D}_{n+1}$. Moreover, when restricted to the sphere minus a point, $\mathcal{C}$ gives a CR diffeomorphism.

$$\mathcal{C} : \mathbb{S}^{2n+1}\backslash(0, ..., 0, -1) \longrightarrow \partial\mathcal{D}_{n+1}.$$

Let us recall the CR diffeomorphism

$$\begin{aligned} f : \quad \mathbb{H}^n &\longrightarrow \partial\mathcal{D}_{n+1} \\ (z,t) &\longmapsto f(z,t) = (z, t + i|z|^2) \, , \end{aligned}$$

with the obvious inverse $f^{-1}(z,w) = (z, Re(w))$, $z \in \mathbb{C}^n$, $w \in \mathbb{C}$. We obtain the CR equivalence with this mapping:

$$\begin{aligned} F : \quad \mathbb{S}^{2n+1}\backslash(0, ..., 0, -1) &\longrightarrow \mathbb{H}^n \\ \zeta = (\zeta_1, ..., \zeta_{n+1}) &\longmapsto (z,t) = \left(\frac{\zeta_1}{1+\zeta_{n+1}}, ..., \frac{\zeta_n}{1+\zeta_{n+1}}, \ i\frac{2Im\zeta_{n+1}}{|1+\zeta_{n+1}|^2}\right) \end{aligned}$$

with inverse

$$F^{-1} : \quad \mathbb{H}^n \quad \longrightarrow \quad \mathbb{S}^{2n+1} \backslash (0, ..., 0, -1)$$
$$(z, t) \quad \longmapsto \quad \zeta = \left(\frac{2z_1}{1+|z|^2-it}, \ ...,\ \frac{2z_n}{1+|z|^2-it}, \ i\frac{1-|z|^2+it}{1+|z|^2-it} \right),$$

choose the standard contact form of $\mathbb{S}^{2n+1}$ as

$$\theta_1 = i \sum_{j=1}^{n+1} \left(\zeta_j d\overline{\zeta}_j - \overline{\zeta}_j d\zeta_j \right).$$

Then we have $F^* (4(c_0^{-1} w_{(0,1)})^{\frac{2}{n}} \theta_0) = \theta_1$.
Let us differentiate and take into account that $w_{(0,1)}(F(\zeta)) = c_0|1 + \zeta_{n+1}|^2$, we obtain

$$d\theta_1 = \left(\frac{d\zeta_{n+1}}{1+\zeta_{n+1}} + \frac{d\overline{\zeta}_{n+1}}{1+\overline{\zeta}_{n+1}} \right) \wedge \theta_1 + |1 + \zeta_{n+1}|^2 F^*(d\theta_0),$$

and

$$\theta_1 \wedge d\theta_1^n = |1 + \zeta_{n+1}|^{2(n+1)} F^*(\theta_0 \wedge d\theta_0^n).$$

We introduce the following function for each (ζ_0, λ) on $\mathbb{S}^{2n+1} \times]0, +\infty[$

$$\delta_{(\zeta_0, \lambda)}(\zeta) = |1 + \zeta_{n+1}|^{-n} w_{(F(\zeta_0), \lambda)} \circ F(\zeta) \qquad (3.4.5)$$

We have $L_{\theta_1} \delta_{(\zeta_0, \lambda)} = \delta_{(\zeta_0, \lambda)}^{1 + \frac{2}{n}}$, i.e $\delta_{(\zeta_0, \lambda)}$ is a solution of the Yamabe problem on $\mathbb{S}^{2n+1}$.
We also have

$$\int_{\mathbb{S}^{2n+1}} L_{\theta_1} \delta_{(\zeta_0, \lambda)} \ \delta_{(\zeta_0, \lambda)} \ \theta_1 \wedge d\theta_1^n = \int_{\mathbb{H}^n} L_{\theta_0} w_{(g_0, \lambda)} \ w_{(g_0, \lambda)} \ \theta_0 \wedge d\theta_0^n, \qquad (3.4.6)$$

and

$$\int_{\mathbb{S}^{2n+1}} |\delta_{(\zeta_0, \lambda)}|^{2 + \frac{2}{n}} \theta_1 \wedge d\theta_1^n = \int_{\mathbb{H}^n} |w_{(g_0, \lambda)}|^{2 + \frac{2}{n}} \theta_0 \wedge d\theta_0^n, \qquad (3.4.7)$$

where $g_0 = F(\zeta_0)$, and $g = F(\zeta)$.
The proofs of (3.4.6) and (3.4.7) should use the non degeneracy result in [17] or [28], and as a consequence the variational formulation for (3.4.1) is equivalent to the variational formulation for (3.4.2).

From now on we focus on the case $n = 1$. We begin by introducing the set of potential critical points at infinity for the functional J : for any $\varepsilon > 0$ and $p \in \mathbb{N}^+$, let $V(p, \varepsilon)$ be the subset of Σ^+ of the following functions: $u \in \Sigma^+$ such that there is $(a_1, ..., a_p) \in \mathbb{S}^{3p}$ and $(\lambda_1, ..., \lambda_p) \in (\varepsilon^{-1}, \infty)^p$ such that:

$$\left| u - \frac{1}{\lambda(u)} \sum_{i=1}^{p} K(a_i)^{-1/2} \delta_{a_i, \lambda_i} \right|_{S_1^2} < \varepsilon, \ \varepsilon_{ij} < \varepsilon \ (i \neq j),$$

where $\lambda(u) = J(u)$ and $\varepsilon_{ij} = \left(\frac{\lambda_i}{\lambda_j} + \frac{\lambda_j}{\lambda_i} + \lambda_i \lambda_j (d(a_i, a_j)^2) \right)^{-1}$.

The failure of the (P.S) condition is characterized as follows:

Proposition. 3.4 *Let $\{u_k\}$ be a sequence such that $\partial J(u_k) \to 0$ and $J(u_k)$ is bounded. Then there exists an integer $p \in \mathbb{N}^+$, a sequence $\varepsilon_k \to 0$ $(\varepsilon_k > 0)$ and an extracted subsequence of (u_k), such that $u_k \in V(p, \varepsilon_k)$.*

Let $B_{\varepsilon, \gamma}^p$ be the set of $(\alpha, a, \lambda) \in \mathbb{R}^p \times \mathbb{S}^{3p} \times (0, +\infty)^p$ such that

$$\lambda_i > \varepsilon^{-1}, \ \varepsilon_{ij} < \varepsilon, \ \alpha_i > \gamma$$

and

$$\left| \frac{\alpha_i^2 K(a_i)}{\alpha_j^2 K(a_j)} - 1 \right| < \varepsilon, \ i \neq j, \ i, j = 1, 2, ..., p.$$

We consider the following minimization problem for a function $u \in V(p, \varepsilon)$, with ε small

$$\min_{(\alpha, a, \lambda) \in B_{\varepsilon, \gamma}^p} \left| u - \sum_{i=1}^{p} \alpha_i \delta_{a_i, \lambda_i} \right|_{S_1^2}. \tag{3.4.8}$$

Proposition. 3.5 *For any $p \in \mathbb{N}^+$, there exists $\varepsilon_p > 0$ such that, for any $0 < \varepsilon < \varepsilon_p$, $u \in V(p, \varepsilon)$, the minimization problem (3.4.8) has a unique solution $(\alpha, a, \lambda) \in B_{\varepsilon, \gamma}^p$ (up to permutation on the set of indices $\{1, ..., p\}$).*

Denoting $v = u - \sum_{i=1}^{p} \alpha_i \delta_{a_i, \lambda_i}$, then v satisfies :

$$(V_0) \quad \begin{cases} \langle v, \delta_{a_i, \lambda_i} \rangle_{S_1^2} &= 0 \\ \langle v, \frac{\partial \delta_{a_i, \lambda_i}}{\partial a_i} \rangle_{S_1^2} &= 0 \qquad i = 1, 2, ..., p. \\ \langle v, \frac{\partial \delta_{a_i, \lambda_i}}{\partial \lambda_i} \rangle_{S_1^2} &= 0. \end{cases}$$

The proofs of proposition. 3.4 and 3.5 are similar to the ones given in the Riemannian case, and it can be done as in [1].

One of the basic phenomenon that it displays is the behavior of the functional J with respect to v. We will prove the existence of a unique $\bar{v}$ which minimizes $J(\sum_{i=1}^{p} \alpha_i \delta_{a_i, \lambda_i} + v)$ with respect to $v \in H_\varepsilon^p(a, \lambda)$, where

$$H_\varepsilon^p(a, \lambda) = H_\varepsilon^p(\delta_{a_1, \lambda_1}, ..., \delta_{a_p, \lambda_p}) = \left\{ v \in S_1^2(\mathbb{S}^3) \ /v \text{ satisfies } (V_0) \text{ and } \|v\| < \frac{\varepsilon}{p} \right\}.$$

3.4.3 Expansion of the functional near the sets of critical points at infinity.

Proposition. 3.6 *There exists $\varepsilon_0 > 0$ such that, for any $u = \sum\limits_{j=1}^{p} \alpha_i \delta_{a_i,\lambda_i} + v \in V(p,\varepsilon)$, $\varepsilon < \varepsilon_0$, v satisfying (V_0), we have*

$$
J(u) = \frac{\sum\limits_{i=1}^{p}\alpha_i^2}{[\sum \alpha_i^4 K(a_i)]^{1/2}} S\Big[1 - \frac{c_1}{2S^2}\sum_{i=1}^{p}\frac{\alpha_i^4}{\sum\limits_{k=1}^{p}\alpha_k^4 K(a_k)}\frac{\Delta_{\theta_1}K(a_i)}{\lambda_i^2}
$$
$$
+ S^{-2}\sum_{i\neq j} c_0^4 \frac{\omega_3}{4}\varepsilon_{ij}\Big(\frac{\alpha_i\alpha_j}{\sum\limits_{k=1}^{p}\alpha_k^2} - \frac{2\alpha_i^3\alpha_j K(a_i)}{\sum\limits_{k=1}^{p}\alpha_k^4 K(a_k)}\Big)
$$
$$
+ f(v) + Q(v,v) + o(\sum_{i\neq j}\varepsilon_{ij}) + o(\|v\|_{\theta_1}^2)\Big],
$$

with

$$
f(v) = -\frac{1}{\gamma_1}\int_{\mathbb{S}^3} K\Big(\sum_{i=1}^{p}\alpha_i\delta_{a_i,\lambda_i}\Big)^3 v\,\theta_1\wedge d\theta_1,
$$

$$
Q(v,v) = \frac{1}{\gamma_2}\|v\|_{L_{\theta_1}}^2 - \frac{3}{\gamma_1}\int_{\mathbb{S}^3} K\sum_{i=1}^{p}\alpha_i^2\delta_{a_i,\lambda_i}^2 v^2\,\theta_1\wedge d\theta_1,
$$

$$
\gamma_1 = S^2\sum_{i=1}^{p}\alpha_i^4 K(a_i)\ ,\quad \gamma_2 = S^2\sum_{i=1}^{p}\alpha_i^2\ .
$$

Furthermore $\|f\|_{\theta_1}$ is bounded by

$$
\|f\|_{\theta_1} = O\Big(\sum_{i=1}^{p}\Big(\frac{|\nabla K(a_i)|}{\lambda_i} + \frac{1}{\lambda_i^2}\Big) + \sum_{i\neq j}\varepsilon_{ij}(\log\varepsilon_{ij}^{-1})^{\frac{1}{2}}\Big),
$$

Proof:

$$
J(u) = \frac{\int_{\mathbb{S}^3} L_{\theta_1} u\,u\,\theta_1\wedge d\theta_1}{\big[\int_{\mathbb{S}^3} K u^4\,\theta_1\wedge d\theta_1\big]^{1/2}} = \frac{N}{D}
$$

where $u = \sum_{i=1}^{p} \alpha_i \delta_{a_i,\lambda_i} + v$, v satisfies conditions (V_0).

We derive from the expansions of N and D given in appendix A, the following estimates:

$$
\begin{aligned}
J(u) &= \frac{\sum_{i=1}^{p} \alpha_i^2 S^2}{\left[\sum_i \alpha_i^4 K(a_i) S^2\right]^{1/2}} \left[1 + \sum_{i \neq j} \frac{\alpha_i \alpha_j}{\sum_{k=1}^{p} \alpha_k^2 S^2} \left(c_0^4 \frac{\omega_3}{4} \varepsilon_{ij}(1 + o(1)) \right) + o\left(\sum_{i=1}^{p} \frac{1}{\lambda_i^2}\right) + \frac{\|v\|_{\theta_1}^2}{\sum_{k=1}^{p} \alpha_k^2 S^2} \right] \\
&\times \left[1 + c_0^4 \frac{\omega_3}{6} \sum_{i=1}^{p} \frac{\alpha_i^4}{\sum_{k=1}^{p} \alpha_k^4 K(a_k) S^2} \frac{\Delta_{\theta_i} K(a_i)}{\lambda_i^2} \right. \\
&\quad + 4 \sum_{i \neq j} \frac{\alpha_i^3 \alpha_j K(a_i)}{\sum_{k=1}^{p} \alpha_k^4 K(a_k) S^2} \left(c_0^4 \frac{\omega_3}{4} \varepsilon_{ij}(1 + o(1)) \right) \\
&\quad + O\left(\sum_{i=1}^{p} \left(\frac{|\nabla K(a_i)|}{\lambda_i} + \frac{1}{\lambda_i^2}\right) + \sum_{i \neq j} \varepsilon_{ij}(\log \varepsilon_{ij}^{-1})^{\frac{1}{2}} \right) \\
&\quad + O\left(\int |\nabla v|^2 \right)^{3/2} + 6\left(\sum_{i=1}^{p} \frac{\alpha_i^2 K(a_i)}{\sum_{k=1}^{p} \alpha_k^4 K(a_k) S^2} \int_{\mathbb{S}^3} \delta_{a_i,\lambda_i}^2 v^2 \right) \\
&\quad \left. + O\left(\sum_{i=1}^{p} \frac{1}{\lambda_i^2} \right) + O\left(\sum_{i \neq j} \frac{1}{\lambda_i^3 \lambda_j} \right) \right]^{\frac{-1}{2}}
\end{aligned}
$$

Notice that for $\varepsilon > 0$ very small, there is a $\alpha_0 > 0$ such that, for all $v \in H_\varepsilon^p(a, \lambda)$,

$$Q(v, v) \geq \alpha_1 \|v\|^2.$$

In order to improve the asymptotic behavior of the functional J, we will need the following result:

Lemma. 3.1 [18] *There exists a C^1-map which to each $(\alpha, a, \lambda) \in B_{\varepsilon,\gamma}^p$ with ε small associates, $\bar{v} = \bar{v}(\alpha, a, \lambda)$ such that $\bar{v}$ is unique and minimizes $J(\sum_{i=1}^{p} \alpha_i \delta_{a_i,\lambda_i} + v)$, with respect to $v \in H_\varepsilon^p(a, \lambda)$ and we have the estimates $\bar{v} = O(\|f\|_{\theta_1})$.*

Since $\bar{v}$ is a minimizer, we have

$$(f, \bar{v}) + Q(\bar{v}, \bar{v}) + o(\|\bar{v}\|_{\theta_1}^2) = 0.$$

It yields

$$(f, v) + Q(v, v) + o(\|v\|_{\theta_1}^2) = Q(v - \bar{v}, v - \bar{v}) + o(\|\bar{v}\|_{\theta_1}^2).$$

We begin by stating

Proposition. 3.7 *There exist* $\varepsilon_0 > 0$ *(* $\varepsilon_0 < \varepsilon$ *) such that, for any* $u = \sum\limits_{i=1}^{p} \alpha_i \delta_{a_i, \lambda_i} +$
v, $v \in H_{\varepsilon}^p(a, \lambda)$,

we have

$$
\begin{aligned}
J\Big(\sum_{i=1}^{p} \alpha_i \delta_{a_i, \lambda_i} + v\Big) &= \frac{S \sum\limits_{i=1}^{p} \alpha_i^2}{[\sum\limits_{i=1}^{p} \alpha_i^4 K(a_i)]^{1/2}} \bigg[1 + c_0^4 \frac{\omega_3}{12S^2} \sum_{i=1}^{p} \frac{\alpha_i^4}{\sum\limits_{k=1}^{p} \alpha_k^4 K(a_k)} \frac{-\Delta_{\theta_1} K(a_i)}{\lambda_i^2} \\
&\quad + c_0^4 \frac{\omega_3}{4S^2} \sum_{i \neq j} \varepsilon_{ij} \Big(\frac{\alpha_i \alpha_j}{\sum\limits_{k=1}^{p} \alpha_k^2} - \frac{2\alpha_i^3 \alpha_j K(a_i)}{\sum\limits_{k=1}^{p} \alpha_k^4 K(a_k)} \Big) \\
&\quad + Q(v - \bar{v}, v - \bar{v}) + o(\|\bar{v}\|_{\theta_1}^2) + o\Big(\sum_{i \neq j} \varepsilon_{ij}\Big) \bigg].
\end{aligned}
$$

3.4.4 Morse Lemma at infinity

The Morse lemma at infinity establishes a change of variables in the space of (a_i, λ_i, v) such that near the set of the critical points at infinity the $J\big(\sum\limits_{i=1}^{p} \alpha_i \delta_{a_i, \lambda_i} + v\big)$ behaves like $J\big(\sum\limits_{i=1}^{p} \alpha_i \delta_{\tilde{a}_i, \tilde{\lambda}_i}\big) + \|V\|^2$ where $(\tilde{a}_i, \tilde{\lambda}_i)$ are the new variables and V is a variable completely independent of a_i and λ_i.
We begin to estimate the following two lemmas.
Lemma. B Let K be a $\mathcal{C}^2$ positive function satisfying $(H.1)$. For each $u = \sum\limits_{i=1}^{p} \alpha_i \delta_{a_i, \lambda_i} \in V(p, \epsilon)$, we have the following expansions

$$
\begin{aligned}
-J'\Big(\sum_{i=1}^{p} \alpha_i \delta_{a_i, \lambda_i}\Big) \frac{\lambda_j \partial \delta_{a_j, \lambda_j}}{\partial \lambda_j} &= 2\lambda(u) \bigg[-c_0^4 \frac{\omega_3}{12} \alpha_j \frac{\Delta_{\theta_1} K(a_j)}{K(a_j) \lambda_j^2} (1 + o(1)) \\
&\quad + \sum_{i \neq j} c_0^4 \frac{\omega_3}{4} \alpha_i \lambda_j \frac{\partial \varepsilon_{ij}}{\partial \lambda_j} (1 + o(1)) \\
&\quad + o\Big(\sum_{i \neq j} \varepsilon_{ij}\Big) \bigg]
\end{aligned}
\tag{3.4.9}
$$

$$-J'\Big(\sum_{i=1}^{p}\alpha_i\delta_{a_i,\lambda_i}\Big)\frac{1}{\lambda_j}\frac{\partial\delta_{a_j,\lambda_j}}{\partial a_j} \;=\; 2\lambda(u)\Big[c_0^4\frac{\alpha_j}{K(a_j)}\frac{\omega_3}{12}\frac{\mid\nabla_{\theta_i}K(a_j)\mid}{\lambda_j}$$

$$+O\Big(\sum_{i\neq j}\varepsilon_{ij}+\frac{1}{\lambda_j^2}\Big)\Big] \qquad\qquad (3.4.10)$$

The proof of lemma. B is provided in Appendix B.

Morse Lemma at infinity in $V(1,\epsilon)$

In this section, we will characterize the critical points at infinity in $V(1,\epsilon)$. Following [5], we need to construct a vector field in this set which satisfies some required properties.

Proposition. 3.8 *Assume that K satisfies (H.1) . Then, there exists a pseudo gradient Z_0 so that the following holds: There is a positive constant $C > 0$ independent of $u = \alpha\delta_{(a,\lambda)} \in V(1,\epsilon)$ such that*

$$-J'(u)(Z_0) \geq c\Big(\big|\frac{\nabla_{\theta}K(a)}{\lambda}\big|+\frac{1}{\lambda^2}\Big),$$

and

$$-J'(\bar{u})\Big(Z_0 + \frac{\partial\bar{v}(Z_0)}{\partial(\alpha,a,\lambda)}\Big) \geq c\Big(\big|\frac{\nabla_{\theta}K(a)}{\lambda}\big|+\frac{1}{\lambda^2}\Big)$$

where C is a positive constant, $|Z_0|_H$ is bounded, and $|d\lambda_{i_0}(Z_0)| \leq C\lambda_{i_0}$, where λ_{i_0} is the highest concentration. Furthermore, λ is an increasing function along the flow lines generated by Z_0 only if a is close to a critical point $\xi \in I_1$.

Proof: The construction depends on the variables a and λ. We will divide the set $V(1,\epsilon)$ into three subsets

$F_1 := \{\alpha\delta_{(a,\lambda)} \,:\, \lambda|\nabla_{\theta}K(a)| \geq C\}$
$F_2 := \{\alpha\delta_{(a,\lambda)} \,:\, \lambda|\nabla_{\theta}K(a)| \leq 2C$ and a is close to ξ satisfying (3.4.3)$\}$
$F_3 := \{\alpha\delta_{(a,\lambda)} \,:\, \lambda|\nabla_{\theta}K(a)| \leq 2C$ and a is close to ξ not satisfying (3.4.3)$\}$,

where C is a large positive constant.
In F_1, we define

$$W_1 \;=\; \frac{1}{\lambda}\frac{\partial\delta_{(a,\lambda)}}{\partial a}\frac{\nabla_{\theta}K}{|\nabla_{\theta}K|}.$$

and using lemma. B, we get

$$-J'(u)(W_1) \geq c\Big(\big|\frac{\nabla_{\theta}K(a)}{\lambda}\big| + \frac{1}{\lambda^2}\Big) \qquad\qquad (3.4.11)$$

In F_2, we define

$$W_2 = -\Delta_\theta K(a)\lambda \frac{\partial \delta_{(a,\lambda)}}{\partial \lambda},$$

and using lemma. B, we obtain

$$-J'(u)(W_2) \geq c\left(|\frac{\Delta_\theta K(a)}{\lambda}|^2 + o(\frac{1}{\lambda^2})\right) \geq c\left(|\frac{\nabla_\theta K(a)}{\lambda}| + \frac{1}{\lambda^2}\right). \quad (3.4.12)$$

In F_3, we define

$$W_3^1 = \frac{1}{\lambda}\frac{\partial \delta_{a,\lambda}}{\partial a}\frac{\nabla_\theta K(a)}{|\nabla_\theta K(a)|}\psi(\lambda|\nabla_\theta K(a)|).$$

where ψ is a cut off function defined by $\psi(t) = 1$ if $t \leq \eta$ and $\psi(t) = 0$ if $t \geq 2\eta$, where η is a small positive constant.

And

$$W_3^2 = c'\lambda \frac{\partial \delta_{a,\lambda}}{\partial \lambda},$$

In this case we use the vector field $W_3 = W_3^1 + W_3^2$ and lemma B, we obtain

$$-J'(u)(W_3) \geq c\left(|\frac{\nabla_\theta K(a)}{\lambda}| + \frac{1}{\lambda^2}\right). \quad (3.4.13)$$

The required pseudo-gradient W will be defined by convex combination of W_1, W_2 and W_3. Using (3.4.11), (3.4.12) and ((3.4.13)), claim (i) follows. Concerning claim (ii), it follows from claim (i), the estimates of $\|\overline{v}\|_2$ and from the definition of W.

Once the pseudo gradient is constructed, we can find a change of variables which gives the normal form of the functional J on the subset $F_\xi := \{\alpha\delta_{(a,\lambda)} + v : a \text{ is close to } \xi\}$, where $\xi \in I_1$. More precisely, we have

Proposition. 3.9 *We assume K satisfies $(H.1)$. For $\xi \in I_1$, in $F_\xi := \{\alpha\delta_{(a,\lambda)}+v : a \text{ is close to } \xi\}$, there exist a change of variables:*

$$v - \overline{v} \longmapsto V \quad and \quad (a,\lambda) \longmapsto (\tilde{a}, \tilde{\lambda})$$

so that

$$J(\alpha\delta_{(a,\lambda)} + v) = \frac{S}{K(\tilde{a})}\left(1 + c(1 - \eta)\frac{-\Delta_{\theta_1}K(\xi)}{\tilde{\lambda}^2}\right) + \|V\|_{\theta_1}^2$$

where η is a small positive constant.

Morse Lemma at infinity in $V(p, \epsilon)$ for $p \geq 2$

The following Morse lemma at infinity establishes near the sets of critical points at infinity of the functional J, a change of variables in the space of $(a_i, \alpha_i, \lambda_i, v)$, $1 < i \leq p$ to $(\tilde{a}_i, \tilde{\alpha}_i, \tilde{\lambda}_i, V)$, $1 \leq i \leq p$ $(\tilde{\alpha}_i = \alpha_i)$, where V is a variable completely independent of $\tilde{a}_i$ and $\tilde{\lambda}_i$ such that, $J(\sum_{i=1}^{p} \alpha_i \delta_{a_i,\lambda_i} + v)$ behaves like $J(\sum_{i=1}^{p} \alpha_i \tilde{\delta}_{\tilde{a}_i \tilde{\lambda}_i}) + \|V\|^2$.

Proposition. 3.10 *There is a covering $\{O_l\}$ and a subset of $\{(\alpha_l, a_l, \lambda_l)\}$ of the base space of the bundle $V(p, \varepsilon)$ and a diffeomorphism $\xi_l : V(p, \varepsilon) \to V(p, \varepsilon')$ for some $\varepsilon' > 0$ with*

$$\xi_l\Big(\sum_{i=1}^{p} \alpha_i \delta_{a_i,\lambda_i} + \bar{v} \Big) = \sum_{i=1}^{p} \alpha_i \delta_{\tilde{a}_i, \tilde{\lambda}_i},$$

$(\alpha, \tilde{a}, \tilde{\lambda})$ *not depending on O_l, such that*

$$J\Big(\sum_{i=1}^{p} \alpha_i \delta_{a_i,\lambda_i} + v \Big) = J\Big(\sum_{i=1}^{p} \alpha_i \delta_{\tilde{a}_i, \tilde{\lambda}_i} \Big) + \frac{1}{2} J''\Big(\sum_{i=1}^{p} \alpha_i \delta_{a_i,\lambda_i} \Big) V_l . V_l,$$

where $(\alpha, a, \lambda) \in O_l$ and V_l is orthogonal to $\delta_{\tilde{a}_i, \tilde{\lambda}_i}$, $\frac{\partial \delta_{\tilde{a}_i \tilde{\lambda}_i}}{\partial \tilde{\lambda}_i}$, $\frac{\partial \delta_{\tilde{a}_i \tilde{\lambda}_i}}{\partial \tilde{a}_i}$.

The proof of Proposition. 3.8 requires some technical results that we will establish . We start the Morse lemma at infinity by isolating the contribution of $v - \bar{v}$.

Lemma. 3.2 *[18] For any $\sum_{i=1}^{p} \alpha_i \delta_{\tilde{a}_i, \tilde{\lambda}_i} \in V(p, \varepsilon)$, let $(\bar{\alpha}, \bar{a}, \bar{\lambda}) = \big((\bar{\alpha}_1, \bar{\alpha}_2, ..., \bar{\alpha}_p),$ $(\bar{a}_1, \bar{a}_2, ..., \bar{a}_p), (\bar{\lambda}_1, ..., \bar{\lambda}_p) \big)$. There is a neighborhood U of $(\bar{\alpha}, \ \bar{a}, \ \bar{\lambda})$ such that*

$$J\Big(\sum_{i=1}^{p} \alpha_i \delta_{a_i,\lambda_i} + v \Big) = J\Big(\sum_{i=1}^{p} \alpha_i \delta_{a_i,\lambda_i} + \bar{v}(\alpha, a, \lambda) \Big) + \frac{1}{2} \partial^2 J\Big(\sum_{i=1}^{p} \bar{\alpha}_i \delta_{\tilde{a}_i, \tilde{\lambda}_i} + \bar{v}(\bar{\alpha}_i, \bar{a}_i, \bar{\lambda}_i) \Big) V.V ,$$

for any $\sum_{i=1}^{p} \alpha_i \delta_{a_i,\lambda_i} + v \in V(p, \varepsilon)$, with $(\alpha, a, \lambda) \in U$, where $V = V(\alpha, a, \lambda, v)$ is a C^1-diffeomorphism that has range orthogonal to

$$\bigcup_{i=1}^{p} \Big\{ \delta_{a'_i, \lambda'_i}, \ \frac{\partial \delta_{a'_i, \lambda'_i}}{\partial a'_i}, \ \frac{\partial \delta_{a'_i, \lambda'_i}}{\partial \lambda'_i} \Big\} \text{ for any } (\alpha', a', \lambda') \in U \text{ and } \|V\| = O(\|v\|).$$

The following result establishes our Morse lemma at infinity:

Lemma. 3.3 *For any* $u = \sum \alpha_i \delta_{a_i,\lambda_i} \in V(p,\varepsilon_1)$ $(\varepsilon_1 < \varepsilon/2)$*, we have*

$$J\Big(\sum_{i=1}^{p} \alpha_i \delta_{a_i,\lambda_i} + \bar{v}(\alpha,a,\lambda)\Big) = J\Big(\sum_{i=1}^{p} \alpha_i \delta_{\tilde{a}_i,\tilde{\lambda}_i}\Big)$$

with

$$(*) \qquad \sum_{i\neq j} \tilde{\varepsilon}_{ij} + \sum_{i=1}^{p} \frac{1}{\tilde{\lambda}_i^2} \to 0 \;\; \text{if and only if} \;\; \sum_{i\neq j} \varepsilon_{ij} + \sum_{i=1}^{p} \frac{1}{\lambda_i^2} \to 0$$

and $(**)$ $\qquad |\tilde{a}_i - a_i| \to 0 \quad as \quad \sum_{i\neq j}\varepsilon_{ij} + \sum_{i=1}^{p}\frac{1}{\lambda_i^2} \to 0.$

We will define in the sequel subsets of $V(p,\varepsilon)$. To construct the vector field Z_0, we have to distinguish in the sequel subdomains in $V(p,\varepsilon)$ on which u belongs, there are four such subdomains F_i, $i=1,2,3,4$.
In $V(p,\varepsilon)$ we order the λ_i's in an increasing order $\lambda_1 \leq \lambda_2 \leq ... \leq \lambda_p$. Let M be a large positive constant and define

$$\mathcal{I} := \{1\} \cup \{i \leq p;\; \lambda_k \leq M\lambda_{k-1} \;\forall k \leq i\}\} \qquad (3.4.14)$$

Note that the set $\mathcal{I}$ contains the indices i such that λ_i and λ_1 are of the same order.
We will divide the set $V(p,\epsilon)$ into four subsets:

$$F_1 := \Big\{ \sum_{i=1}^{p}\alpha_i\delta_{a_i,\lambda_i} : \;\; \exists i \in \mathcal{I} \text{ such that } \lambda_i|\nabla_{\theta_1}K(a_i)| \geq C' \Big\}$$

$$F_2 := \Big\{ \sum_{i=1}^{p}\alpha_i\delta_{a_i,\lambda_i} : \;\; \forall i \in \mathcal{I},\; \lambda_i|\nabla_{\theta_1}K(a_i)| \leq 2C' \Big\}$$

$$F_3 := \Big\{ \sum_{i=1}^{p}\alpha_i\delta_{a_i,\lambda_i} : \;\; \mathcal{I} = \{1\} \text{ and } \lambda_i|\nabla_{\theta_1}K(a_i)| \leq 2C' \Big\}$$

$$F_4 := \Big\{ \sum_{i=1}^{p}\alpha_i\delta_{a_i,\lambda_i} : \;\; \forall i \in \mathcal{I},\; \lambda_i|\nabla_{\theta_1}K(a_i)| \leq 2C' ,\; \sharp(\mathcal{I}) \geq 2\Big\}$$

where C' is a large positive constant.
We begin the proof of the Morse lemma at infinity by the following result:

Proposition. 3.11 *Assume that K satisfies $((H.1),(H.2))$. For any* $u = \sum_{i=1}^{p}\alpha_i\delta_{a_i,\lambda_i}$
in $V(p,\varepsilon')$*, ε' small enough let $\bar{u} = u + \bar{v}(\alpha,a,\lambda)$. We define a vector field W such that*

$$(i) \qquad -J'(u)(W) \geq C\Big(\sum_{i=1}^{p}\frac{1}{\lambda_i^2} + \sum_{i=1}^{p}|\frac{\nabla K(a_i)}{\lambda_i}| + \sum_{i\neq j}\varepsilon_{ij}\Big),$$

and

$$(ii) \qquad -J'(\bar{u})(W + \frac{\partial \bar{v}(W)}{\partial(\alpha, a, \lambda)}) \geq C\Big(\sum_{i=1}^{p} \frac{1}{\lambda_i^2} + \sum_{i=1}^{p} \frac{|\nabla K(a_i)|}{\lambda_i} + \sum_{i \neq j} \varepsilon_{ij}\Big)$$

where C is a positive constant, $|W|_H$ is bounded, and $|d\lambda_{i_0}(W)| \leq C\lambda_{i_0}$, where λ_{i_0} is the highest concentration.furthermore, the only cases where the maximum of λ_i's is not bounded is when the concentration points $(a_1, ..., a_p)$ satisfy: each point a_j is close to a critical point ξ_{i_j} of K satisfying (3.4.3) with $i_j \neq i_k$ for $j \neq k$ and $\rho(\xi_{i_1}, ..., \xi_{i_p})$ denotes the least eigenvalue of $M(\xi_{i_1}, ..., \xi_{i_p})$.

Proof of proposition. 3.11
We consider the following vector field

$$X_i = \frac{1}{\lambda_i} \frac{\partial \delta_{a_i, \lambda_i}}{\partial a_i} \frac{\nabla_\theta K(a_i)}{|\nabla_\theta K(a_i)|} \psi_1(\lambda_i |\nabla_\theta K(a_i)|) \,, \quad \text{and} \quad Z_i := \lambda_i \frac{\partial \delta_{a_i, \lambda_i}}{\partial \lambda_i}, \quad (3.4.15)$$

where ψ_1 is a cut-off function defined by $\psi_1(t) = 0$ if $t \leq \eta$ and $\psi_1(t) = 1$ if $t \geq 2\eta$ with η is a large positive constant satisfying $\eta \leq \frac{c'}{2}$.
Let us first observe the following:

$$\lambda_i \frac{\partial \varepsilon_{ij}}{\partial \lambda_i} = -\varepsilon_{ij}(1 - 2\frac{\lambda_i}{\lambda_j}\varepsilon_{ij}) \qquad (3.4.16)$$

If $\lambda_j \leq \lambda_i$ or $\lambda_j \sim \lambda_i$, it yields that

$$\lambda_i \frac{\partial \varepsilon_{ij}}{\partial \lambda_i} = -\varepsilon_{ij}(1 + o(1)) \qquad (3.4.17)$$

and , we have

$$-2\lambda_i \frac{\partial \varepsilon_{ij}}{\partial \lambda_i} - \lambda_j \frac{\partial \varepsilon_{ij}}{\partial \lambda_j} \geq C\varepsilon_{ij}. \qquad (3.4.18)$$

Using Lemma. B and (3.4.15), we obtain

$$\big(-\nabla_\theta J(u), X_i\big) \geq C\psi_1\big(\lambda_i|\nabla_\theta K(a_i)|\big)\Big(\frac{|\nabla_\theta K(a_i)|}{\lambda_i} + \frac{1}{\lambda_i^2} + O(\sum \epsilon_{ki})\Big). \quad (3.4.19)$$

$$\big(-\nabla_\theta J(u), -\sum_{i \geq q} 2^i Z_i\big) \geq C \sum_{k \geq q; r \neq k} \epsilon_{kr} + O(\sum_{i \geq q} \frac{1}{\lambda_i^2}) + o(\sum_{k \neq r} \epsilon_{kr})\Big). \quad (3.4.20)$$

a)Proof of claim (i)

In F_1, we consider the following vector field

$$W_1 := \sum_{i=1}^{p} X_i - C_1 \sum_{i=1}^{p} 2^i Z_i \qquad (3.4.21)$$

where C_1 is a large positive constant satisfying $C_1 \leq \frac{C'}{M^p}$.

Using (3.4.17), (3.4.18) and the characterization of the set F_1, we derive the estimates of claim (i) in this case.

In F_2, we can write u as

$$u = u_1 + u_2 \quad \text{where} \quad u_1 = \sum_{i \in \mathcal{I}} \alpha_i \delta_i \quad \text{and} \quad u_2 = \sum_{i \notin \mathcal{I}} \alpha_i \delta_i$$

Observe that $u_1 \in V(\sharp(\mathcal{I}), \epsilon)$, we apply the vector field defined in [18] in this set, we will denote it by $Z(u_1)$. Hence we define W_2 in this set by

$$W_2 := Z(u_1) - M \sum_{i \notin \mathcal{I}} 2^i Z_i + \sum_{i \notin \mathcal{I}} X_i$$

Using (3.4.17) and (3.4.18), we obtain

$$-J'(u)(W_2) \geq C \Big(\sum_{i \leq p} \frac{|\nabla_\theta K(a_i)|}{\lambda_i} + \frac{1}{\lambda_i^2} + \sum_{k \leq r} \epsilon_{kr} \Big) \qquad (3.4.22)$$

Thus the estimate of claim (i) follows in this case.

In F_3, we have $\mathcal{I} = \{1\}$. Let ξ be the critical point which is close to a_1. In this case, we use the vectors fields W_3^1 and W_3^2 defined in section 3.4.4. Therefore, we obtain

$$-J'(u)(W_3^1 + W_3^2) \geq C \Big(\frac{|\nabla_\theta K(a_1)|}{\lambda_1} + \frac{1}{\lambda_1^2} \Big) + O\Big(\sum_{k \neq 1} \epsilon_{k1} \Big) \qquad (3.4.23)$$

In this set, we use the pseudo-gradient W_3 defined by

$$W_3 := W_3^1 + W_3^2 - C \sum_{i \geq 2} 2^i Z_i + \sum_{i \geq 2} X_i, \qquad (3.4.24)$$

where C is a positive constant.

Since for $i \notin \mathcal{I}$ and $j \in \mathcal{I}$, we have $\frac{1}{\lambda_i^2} = o(\varepsilon_{ij})$. Using (3.4.11), (3.4.12) and ((3.4.13)) claim (i) follows in this case.

In F_4, to obtain the estimate of claim (i), we use the same construction of the vector field given for the set $\overline{V}_4(p,\ \varrho'\,\varepsilon)$ in [18]. We denote by W_4 the vector field thus obtained.

Concerning claim (ii), it follows from claim (i), the estimate of $\|\overline{v}\|_2$ and from the definition of W.

Finally to complete our construction, we will define the pseudo-gradient satisfying claim (i) by convex combination .

Since all the constructions we did above are compatible with the convex combination, define W on $V(p,\frac{\varepsilon}{2})$ to be the convex combination of the vector field of $W_1,...,W_4$ obtained on F_i for $i = 1,2,3,4$ and $-J'(u)$ outside $V(p,\varepsilon/2)$. The proof of proposition. 3.11 is thereby complete. $\qquad\square$

3.4.5   Proof of Theorem 3.1

For technical reasons, we introduce for $\varepsilon_0 > 0$, small enough, the following subset of $\sum$, let $V_{\varepsilon_0}(\Sigma^+) = \{u \in \sum\ /\ \lambda^2(u)\,|u^-|_{L^4} < \varepsilon_0\}$. We will build a global vector field $X(u)$ on $V_{\varepsilon_0}(\Sigma^+)$ as follows. There is a vector field W in new variables such that proposition. 3.11 holds, and for the V-part we construct a pseudo-gradient T as follows. Since by lemma 3.2, there is a covering $\{O_l\}$ of the base space of the bundle $V(p,\varepsilon)$ such that lemma 3.2 holds on each O_l. Set $T = \sum \eta_l T_l$, where T_l is the vector field defined by $\dot{V}_l = -V_l$ on O_l, and $\{\eta_l\}$ is a suitably partition of unity associated to $\{O_l\}$.

Define $X(u)$ on $V_{\varepsilon_0}(\Sigma^+)$ to be $X(u) = W + T$.

Set $Z(u) = X(u) - \langle X(u), u\rangle u$ for all $u \in V_{\varepsilon_0}(\Sigma^+)$.

As defined, $Z(u)$ is a pseudo-gradient vector field of $-J$ on $V_{\varepsilon_0}(\Sigma^+)$, precisely we have :

$$\langle Z(u), -\partial J(u)\rangle_L > c\Big(\sum_{i\neq j}\varepsilon_{ij} + \sum_{i=1}^{p}\frac{1}{\lambda_i^2} + \sum_{i\neq j}\frac{|\nabla K(a_i)|}{\lambda_i}\Big).$$

Furthermore, u is deconcentrated along the flow lines generated by $Z(u)$ if the flow lines remain in $\overset{4}{\underset{i=1}{\cup}}F_i$.

It is important to ensure that any flow line generated by the vector field Z with initial condition u_0 in $V_{\varepsilon_0}(\Sigma^+)$ remains in $V_{\varepsilon_0}(\Sigma^+)$. We have the following result.

Lemma. 3.4 $V_{\varepsilon_0}(\Sigma^+)$ *is invariant under the flow generated by* $Z(u)$.

Proof.

It is sufficient to prove that $V_{\varepsilon_0}(\Sigma^+)$ is invariant under the negative gradient flow of J. For more details about this proof one can see [18].

Next, we have to check the critical points of J at infinity which lead us to the study of the concentration phenomenon of the functional.

First we claim that if $u_0 \in V_{\varepsilon_0}(\Sigma^+)$, there is $p \in \mathbb{N}^*$ and $s_0 \geq 0$, such that if $\eta(s, u_0)$ denote the flow line of the vector field Z with initial condition u_0 that is, $\eta(s, u_0)$ satisfies

$$\begin{cases} \frac{\partial}{\partial s}\eta(s, u_0) &= Z(\eta(s, u_0)) \\ \eta(0, u_0) &= u_0 \end{cases}$$

$\eta(s, u_0)$ is in $V(p, \frac{3}{4}\varepsilon)$ for $s \geq s_0$. Indeed outside $U_p V(p, \frac{3}{4}\varepsilon)$ $\langle -\partial J, Z(u)\rangle \geq c > 0$. (the proof is straightforward using the fact that Z is a pseudo-gradient vector field of $-J$).

Next, we have the following result.

Lemma. 3.5 *The only critical points of J at infinity are $(\xi_{i_1}, ..., \xi_{i_p})_\infty$ such that the matrix $M(\xi_{i_1}, ..., \xi_{i_p})$, defined by (3.4.4), is positive definite, where the ξ_{i_j}'s are critical points of K satisfying (3.4.3) with $i_j \neq i_k$ for $j \neq k$. Such a critical point at infinity has a Morse index equal to $4l - 1 - \sum_{i=1}^{l}\kappa_{i_j}$, where $\kappa_{i_j} := ind(K, \xi_{i_j})$, for more details one can see [18]* .*

Lemma. 3.6 *For any $u = \sum_{i=1}^{p}\alpha_i\delta_{a_i,\lambda_i}$ in F_2, we have the following expansion of J after changing the variables*

$$J(u) = S\left(\sum_{i=1}^{p}\frac{1}{K(x_{\eta_i})}\right)\left\{1 - |h|^2 + \sum_{i=1}^{p}(|a_i^+|^2 - |a_i^-|^2) + C\sum_{i=1}^{p}\frac{1}{\lambda_i^2}\right\}$$

where (a_i^+, a_i^-) are the coordinates of a_i near ξ_{η_i} along the stable and unstable manifold for K, and $h \in \mathbb{R}^{p-1}$ is the coordinate of $(\alpha_1, \quad , \alpha_p)$.

Proof: Using propositions. 3.6 with $v = 0$, we derive

$$J(u) = \frac{\sum_{i=1}^{p}\alpha_i^2}{[\sum \alpha_i^4 K(a_i)]^{1/2}}S\left[1 - \frac{c_1}{2S^2}\sum_{i=1}^{p}\frac{\alpha_i^4}{\sum_{k=1}^{p}\alpha_k^4 K(a_k)}\frac{-\Delta_{\theta_i}K(a_i)}{\lambda_i^2}\right.$$

$$+ S^{-2}\sum_{i\neq j}c_0^4\frac{\omega_3}{4}\varepsilon_{ij}\left(\frac{\alpha_i\alpha_j}{\sum_{k=1}^{p}\alpha_k^2} - \frac{2\alpha_i^3\alpha_j K(a_i)}{\sum_{k=1}^{p}\alpha_k^4 K(a_k)}\right)$$

$$\left. +o(\sum_{i\neq j}\varepsilon_{ij}) + o(\sum_{i=1}^{p}\frac{1}{\lambda_i^2})\right],$$

Under the assumption that $\sum_{i=1}^{p}\alpha_i\delta_{a_i,\lambda_i}$ belongs to F_2, the expansion of the functional J can be rewritten as follows:

$$J(u) = \frac{\sum_{i=1}^{p}\alpha_i^2}{[\sum_{i=1}^{p}\alpha_i^4 K(a_i)]^{1/2}}S\left[1 - \frac{1}{S^2\sum_{k=1}^{p}\frac{1}{K(a_k)}}\sum_{i=1}^{p}c\frac{\Delta_{\theta_i}K(a_i)}{2K^2(a_i)}\frac{1}{\lambda_i^2}\right.$$

$$\left. -\frac{1}{S^2\sum_{k=1}^{p}\frac{1}{K(a_k)}}\sum_{i\neq j}\overline{c}\varepsilon_{ij}[K(a_i)K(a_j)]^{1/2} + o(\sum_{i=1}^{p}\frac{1}{\lambda_i^2})\right].$$

In this case, we have $\alpha_i^2 K(a_i)\lambda^2(u) \simeq 1$, yields:

$$J(u) = \frac{\sum_{i=1}^{p}\alpha_i^2}{[\sum_{i=1}^{p}\alpha_i^4 K(a_i)]^{1/2}}S\left[1 + \frac{1}{S^2\sum_{k=1}^{p}\frac{1}{K(a_k)}}\Lambda(M+o(1))\Lambda^t\right], \quad \Lambda = (\frac{1}{\lambda_1}, \frac{1}{\lambda_2}......\frac{1}{\lambda_p}).$$

Let us turn now to the term

$$\mathcal{G}(\alpha_1,...,\alpha_p) = \frac{\sum_{i=1}^{p}\alpha_i^2}{(\sum_{i=1}^{p}\alpha_i^4 K(a_i))^{1/2}}$$

$\mathcal{G}$ is a homogeneous function and $(\frac{1}{K(a_1)},...,\frac{1}{K(a_p)})$ is a critical point with critical value $\sum_{j=1}^{p}\frac{1}{K(a_i)}$.

By using a Morse lemma for $\mathcal{G}$, we obtain after changing the variables

$$J(u) = S\Big(\sum_{i=1}^{p} \frac{1}{K(x_{\eta_i})}\Big)\Big[1 - |h|^2 + \sum_{i=1}^{p}\big(|a_i^+|^2 - |a_i^-|^2\big) + c\sum_{i=1}^{p}\frac{1}{\lambda_i^2}\Big]$$

since $\Lambda M(\tau)\Lambda^t \geq c|\Lambda|^2 = \sum_{j=1}^{p}\frac{c}{\lambda_i^2}$ and lemma. 3.6 follows.

Topological Argument: Homology

For any l-tuple $\tau_l = (i_1,...i_l)$, $1 \leq i_j \leq r_1$, $j = 1, 2, ..., l$ such that $M(\tau_l)$ is positive definite, let $c(\tau_l) = \sum_{j=1}^{l}\frac{S}{K(x_{i_j})}$ denote the associated critical value. Here we choose to consider a simplified situation, where for any $\tau \neq \tau'$, $c(\tau) \neq c(\tau')$, therefore we order the $c(\tau)$'s

$$c(\tau) < \quad ... \quad < c(\tau_{k_0}).$$

By using a deformation lemma (one can see [1]). We derive the existence of a positive constant $\sigma_0(\varepsilon, \rho)$ such that for any $0 < \sigma < \sigma_0$, $J_{c(\tau_l)-\sigma} \cup W_u(\xi_{l,\infty})$ is a retract by deformation of $J_{c(\tau_l)+\sigma}$. Where $W_u(\xi_{l,\infty})$ is the unstable manifold of the corresponding critical level.
With these notations, we have the following:

Lemma 5.4.
Let $c(\tau_{l-1}) < a < c(\tau_l) < b < c(\tau_{l+1})$, for any coefficient group G, we have

$$H_q(J_b, J_a) = \begin{cases} 0 & \text{if} \quad q \neq k(\tau_l) \\ G & \text{if} \quad q = k(\tau_l) \end{cases}$$

where $k(\tau_l) = 4l - 1 - \sum_{j=1}^{l}k_{i_j}$, $k_{i_j} = ind(K, x_{i_j})$.

Proof of the theorem
Let $b_1 < c(\tau_1) = \min_{u \in \Sigma^+} J(u) < b_2 < c(\tau_2) < ... < b_{k_0} < c(\tau_{k_0}) < b_{k_0+1}$.
Since we assumed that (3.4.1) has no solution, $J_{b_{k_0+1}}$ is a retract by deformation of Σ^+, which is a retract by deformation of $V_{\varepsilon_0}(\Sigma^+)$, therefore

$$\chi\big(V_{\varepsilon_0}(\Sigma^+)\big) = \chi(J_{b_{k_0}+1}).$$

By lemma 5.4

$$\chi(J_{b_{j+1}}) = \chi(J_{b_j}) + (-1)^{k(\tau_j)}$$

we derive after recalling that $\chi(J_{b_1}) = \chi(\emptyset) = 0$, that

$$1 = \sum_{\ell=1}^{r_1} \sum_{\varrho(\xi_{i_1},\dots,\xi_{i_l})>0} (-1)^{4l-1-\sum\limits_{j=1}^{l} k_{i_j}}$$

a contradiction. Therefore (3.4.1) has a solution u_0 in $V_{\varepsilon_0}(\Sigma^+)$.

We claim that $u_0 > 0$, when ε_0 is small enough. Otherwise, we write $u_0 = u_0^+ - u_0^-$, by multiplying equation (3.4.1) by u_0^- and integrating, using the fact that u_0 is in $V_{\varepsilon_0}(\Sigma^+)$, we obtain:

$$\|u_0^-\|^2 \leq C \, \|u_0^-\|_{L^4}^2 \leq C'\|u_0^-\|^2.$$

Hence, either $u_0^- = 0$, or $\|u_0^-\| \geq C_0$, where $C_0 > 0$. Thus we have a contradiction if ε_0 is small enough. Therefore $u_0^- = 0$, and $u_0 > 0$. □

Appendix A

We have

$$J(u) = \frac{\int_{\mathbb{S}^3} L_{\theta_1} u\, u\, \theta_1 \wedge d\theta_1}{\left(\int_{\mathbb{S}^3} K\, u^4 \theta_1 \wedge d\theta_1\right)^{\frac{1}{2}}} = \frac{N}{D}.$$

We first expand the numerator,

$$
\begin{aligned}
N &= \int_{\mathbb{S}^3} L_{\theta_1} u\, u\, \theta_1 \wedge d\theta_1 = \int_{\mathbb{S}^3} L_{\theta_1} \left(\sum_{i=1}^p \alpha_i \delta_{a_i,\lambda_i} + v\right)\left(\sum_{i=1}^p \alpha_i \delta_{a_i,\lambda_i} + v\right) \theta_1 \wedge d\theta_1 \\
&= \sum_{i=1}^p \alpha_i^2 \int_{\mathbb{S}^3} L_{\theta_1} \delta_i \delta_i + 2 \sum_{i<j} \alpha_i \alpha_j \int_{\mathbb{S}^3} L_{\theta_1} \delta_i \delta_j + \int_{\mathbb{S}^3} L_{\theta_1} v\, v
\end{aligned}
$$

all the other terms are zero since v satisfies conditions (V_0)

Lemma A.1: We have

$$\int_{\mathbb{S}^3} L_{\theta_1} \delta_{a_i,\lambda_i}\, \delta_{a_i,\lambda_i}\, \theta_1 \wedge d\theta_1 = S^2$$

where S is the Sobolev constant of $\mathbb{H}^1$ given by

$$S = \frac{\int_{\mathbb{H}^1} |Z\phi|^2 \theta_0 \wedge d\theta_0}{[\int_{\mathbb{H}^1} \phi^4 \theta_0 \wedge d\theta_0]^{1/2}}$$

where $\phi = 2\left|t + i|z|^2 + i\right|^{-1}$, $(z,t) \in \mathbb{H}^1$.

Lemma A.2:

$$\int_{\mathbb{S}^3} L\delta_{a_i,\lambda_i} \delta_{a_j,\lambda_j} = c_0^4 \frac{\omega_3}{4} \varepsilon_{ij}\big(1 + o(1)\big).$$

where ω_3 is the volume of the n-dimensional Koranyi sphere Υ.
Proof:

$$
\begin{aligned}
I &= \int_{\mathbb{H}^1} L_{\theta_0} w_{g_i,\lambda_i} w_{g_j,\lambda_j}\, \theta_0 \wedge d\theta_0 \\
&= c_0^4 \int_{\mathbb{H}^1} \frac{\lambda_i^3}{\left|1 + \lambda_i^2|\zeta - q_i|^2\right|^3} \frac{\lambda_j}{\left|1 + \lambda_j^2|\zeta - q_j|^2\right|}\, \theta_0 \wedge d\theta_0 \\
&= c_0^4 \frac{\lambda_j}{\lambda_i} \int_{\mathbb{H}^1} \frac{1}{\left|1 + |\zeta'|^2\right|^3} \frac{1}{\left|1 + |\frac{\lambda_j}{\lambda_i}\zeta' + \lambda_j d_{ij}|^2\right|}\, \theta_0 \wedge d\theta_0
\end{aligned}
$$

Let

$$\mu = \max(\frac{\lambda_i}{\lambda_j}, \frac{\lambda_j}{\lambda_i}, \lambda_i\lambda_j d_{ij}^2), \quad \text{where} \quad d_{ij} = d(g_i, g_j).$$

As first case, we assume $\mu = \frac{\lambda_i}{\lambda_j}$. We remark that

$$1 + |\frac{\lambda_j}{\lambda_i}\zeta' + \lambda_j d_{ij}|^2 = (1 + \lambda_j^2|d_{ij}|^2)\Big(1 + 2\frac{\lambda_j}{1 + \lambda_j^2|d_{ij}|^2}d_{ij}\frac{\lambda_j}{\lambda_i}\zeta' + (\frac{\lambda_j}{\lambda_i})^2\frac{|\zeta'|^2}{1 + \lambda_j^2|d_{ij}|^2}\Big)$$

If $|\zeta'| \le \frac{1}{4}\frac{\lambda_i}{\lambda_j}$, we have

$$\Big(1 + |\frac{\lambda_j}{\lambda_i}\zeta' + \lambda_j d_{ij}|^2\Big)^{-1} = (1 + \lambda_j^2|d_{ij}|^2)^{-1}\Big(1 - 2\frac{\lambda_j}{1 + \lambda_j^2|d_{ij}|^2}d_{ij}\frac{\lambda_j}{\lambda_i}\zeta' + O((\frac{\lambda_j}{\lambda_i})^2|\zeta|^2)\Big).$$

In this case, the last formula yields

$$\int_{B(0,\frac{1}{4}\frac{\lambda_i}{\lambda_j})}\Big(\frac{1}{|1 + |\zeta'|^2|^3}\Big)\theta_0 \wedge d\theta_0 = \omega_3\int_0^\infty\frac{r^3}{(1 + r^2)^3}dr + O((\frac{\lambda_j}{\lambda_i})^2) = \frac{\omega_3}{4} + O((\frac{\lambda_j}{\lambda_i})^2),$$

$$\int_{B^c(0,\frac{1}{4}\frac{\lambda_i}{\lambda_j})}\Big(\frac{1}{|1 + |\zeta'|^2|^3}\Big)\theta_0 \wedge d\theta_0 = \omega_3\int_{\frac{1}{4}\frac{\lambda_i}{\lambda_j}}^\infty\frac{r^3}{(1 + r^2)^3}dr = O((\frac{\lambda_j}{\lambda_i})^2).$$

and

$$\int_{B(0,\frac{1}{4}\frac{\lambda_i}{\lambda_j})}\Big(\frac{|\zeta'|^2}{|1 + |\zeta'|^2|^3}\Big)\theta_0 \wedge d\theta_0 = \omega_3\int_0^{\frac{1}{4}\frac{\lambda_i}{\lambda_j}}\frac{r^5}{(1 + r^2)^3}dr = O\big(\lg(\frac{\lambda_i}{\lambda_j})\big).$$

Hence

$$I = c_0^4\frac{\omega_3}{4}\Big(\frac{\lambda_j}{\lambda_i(1 + \lambda_j^2|d_{ij}|^2)}\Big)\Big[1 + O\big((\frac{\lambda_j}{\lambda_i})^2\lg(\frac{\lambda_i}{\lambda_j})\big)\Big].$$

Under the assumption $\mu = \frac{\lambda_i}{\lambda_j}$, when ϵ_{ij} goes to zero: $I = c_0^4\frac{\omega_3}{4}\epsilon_{ij} + O(\epsilon_{ij}^3\log(\epsilon_{ij}^{-1}))$.
The case $\mu = \frac{\lambda_j}{\lambda_i}$ is similar to the case $\mu = \frac{\lambda_i}{\lambda_j}$.
As third case, assume $\mu = \lambda_i\lambda_j|d_{ij}|^2$.
We write I as follows:

$$I = c_0^4\int_{\mathbb{H}^1}\frac{1}{\Big|1 + |\zeta'|^2\Big|^3}\frac{1}{\Big|\sqrt{\frac{\lambda_j}{\lambda_i}} + |\sqrt{\frac{\lambda_j}{\lambda_i}}\zeta' + \sqrt{\lambda_i\lambda_j}d_{ij}|^2\Big|}\theta_0 \wedge d\theta_0.$$

We may assume $\lambda_j \leq \lambda_i$, therefore

$$\frac{\lambda_j}{\lambda_i} + |\sqrt{\frac{\lambda_j}{\lambda_i}}\zeta' + \sqrt{\lambda_i\lambda_j}d_{ij}|^2 = \left(\frac{\lambda_j}{\lambda_i} + \lambda_i\lambda_j d_{ij}^2\right)\left(1 + \frac{\frac{\lambda_j}{\lambda_i}|\zeta'|^2 + 2\lambda_j\zeta'd_{ij}}{\frac{\lambda_j}{\lambda_i} + \lambda_i\lambda_j d_{ij}^2}\right).$$

By the same arguments used in the first case we obtain:

$$\int_{|\zeta'|\leq\frac{\sqrt{\mu}}{10}} \frac{1}{\left|1+|\zeta'|^2\right|^3} \frac{1}{\left|\frac{\lambda_j}{\lambda_i} + |\sqrt{\frac{\lambda_j}{\lambda_i}}\zeta' + \sqrt{\lambda_i\lambda_j}d_{ij}|^2\right|} \theta_0 \wedge d\theta_0 = \frac{\omega}{4}\epsilon_{ij} + O(\epsilon_{ij}^2).$$

Let

$$B_1 := \{\zeta' \in \mathbb{H}^1 \text{ s.t } |\zeta' + \lambda_i d_{ij}| \leq \frac{1}{10}\lambda_i|d_{ij}|\} \quad , \quad B_2 := \{\zeta' \in \mathbb{H}^1 \text{ s.t } |\zeta'| \leq \frac{\sqrt{\mu}}{10}\}.$$

We have

$$\int_{(B_1\cup B_2)^c} \frac{1}{\left|1+|\zeta'|^2\right|^3} \frac{1}{\left|\frac{\lambda_j}{\lambda_i} + |\sqrt{\frac{\lambda_j}{\lambda_i}}\zeta' + \sqrt{\lambda_i\lambda_j}d_{ij}|^2\right|} \theta_0 \wedge d\theta_0 \leq \frac{C}{\mu}\int_{\sqrt{\mu}}^{\infty} \frac{r^3}{(1+r^2)^3}dr.$$

Thus

$$\int_{(B_1\cup B_2)^c} \frac{1}{\left|1+|\zeta'|^2\right|^3} \frac{1}{\left|\frac{\lambda_j}{\lambda_i} + |\sqrt{\frac{\lambda_j}{\lambda_i}}\zeta' + \sqrt{\lambda_i\lambda_j}d_{ij}|^2\right|} \theta_0 \wedge d\theta_0 = O\left(\frac{1}{\mu}\right) = O(\epsilon_{ij}^2).$$

On B_1, we have $|\zeta'| \geq \frac{9}{10}\lambda_i|d_{ij}|$, thus

$$\int_{B_1} \frac{1}{\left|1+|\zeta'|^2\right|^3} \frac{1}{\left|\frac{\lambda_j}{\lambda_i} + |\sqrt{\frac{\lambda_j}{\lambda_i}}\zeta' + \sqrt{\lambda_i\lambda_j}d_{ij}|^2\right|} \theta_0 \wedge d\theta_0 = O(\epsilon_{ij}^2).$$

This completes the proof of Lemma A.2. □

Let us consider the denominator D of the functional J:

$$D^2 = \int_{\mathbb{S}^3} K\left(\sum_{i=1}^{p} \alpha_i\delta_{a_i,\lambda_i} + v\right)^4 \theta_1 \wedge d\theta_1.$$

We have

Lemma A.3:

$$\int_{\mathbb{S}^3} K\left(\sum_{i=1}^{p} \alpha_i\delta_{a_i,\lambda_i} + v\right)^4 = \int_{\mathbb{S}^3} K\left(\sum_{i=1}^{p} \alpha_i\delta_{a_i,\lambda_i}\right)^4 + 4\int_{\mathbb{S}^3} K(x)\left(\sum_{i=1}^{p} \alpha_i\delta_{a_i,\lambda_i}\right)^3 v$$

$$+ 6\int_{\mathbb{S}^3} K(x)\left(\sum_{i=1}^{p} \alpha_i\delta_{a_j,\lambda_i}\right)^2 v^2 + O\left(\left(\int_{\mathbb{S}^3} |\nabla v|^2\right)^{3/2}\right)$$

Proof:

We have

$$\int_{\mathbb{S}^3} K \Big[\big(\sum_{i=1}^{p} \alpha_i \delta_{a_i,\lambda_i} + v \big)^4 - \big(\sum_{i=1}^{p} \alpha_i \delta_{a_i,\lambda_i} \big)^4 - 4 \big(\sum_{i=1}^{p} \alpha_i \delta_{a_i,\lambda_i} \big)^3 v - 6 \big(\sum_{i=1}^{p} \alpha_i \delta_{a_i,\lambda_i} \big)^2 v^2 \Big] \theta_1 \wedge d\theta_1$$

$$\qquad\qquad (1) \qquad\qquad\qquad\qquad (2) \qquad\qquad\qquad\qquad (3)$$

$$= \int_{\mathbb{S}^3} K \, v^4 \theta_1 \wedge d\theta_1 + 4 \int_{\mathbb{S}^3} K \big(\sum_{i=1}^{p} \alpha_i \delta_i \big) v^3 \, \theta_1 \wedge d\theta_1$$

We apply a Hölder inequality and the following Sobolev inequality

$$\Big(\int_{\mathbb{S}^3} |v|^4 \, \theta_1 \wedge d\theta_1 \Big)^{1/2} \le C \int_{\mathbb{S}^3} |\nabla v|^2 \, \theta_1 \wedge d\theta_1$$

we obtain the result since

$$\int_{\mathbb{S}^3} \big(\sum_{i=1}^{p} \alpha_i \delta_{a_i,\lambda_i} \, \theta_1 \wedge d\theta_1 \big) |v|^3 = O\Big(\big(\int_{\mathbb{S}^3} |\nabla v|^2 \, \theta_1 \wedge d\theta_1 \big)^{3/2} \Big).$$

We have now to estimate the terms (1), (2) and (3).

Lemma A.3.1

$$\int_{\mathbb{S}^3} K \big(\sum_{i=1}^{p} \alpha_i \delta_{a_i,\lambda_i} \big)^3 v \, \theta_1 \wedge d\theta_1 = O\Big(\big(\int_{\mathbb{S}^3} |\nabla v|^2 \, \theta_1 \wedge d\theta_1 \big)^{1/2} \Big) \Big(\sum_{i \neq j} \varepsilon_{ij} (\log \varepsilon_{ij}^{-1})^{1/2}$$

$$+ \sum_{i=1}^{p} \big(\frac{|\nabla K(a_i)|}{\lambda_i} \big) \Big).$$

Proof: We have

$$\int_{\mathbb{S}^3} K \big(\sum_{i=1}^{p} \alpha_i \delta_{a_i,\lambda_i} \big)^3 v \, \theta_1 \wedge d\theta_1 = \sum_{i=1}^{p} \alpha_i^3 \int_{\mathbb{S}^3} K(x) \delta_{a_i,\lambda_i}^3 v \, \theta_1 \wedge d\theta_1$$

$$+ O\Big(\big(\int_{\mathbb{S}^3} |\nabla v|^2 \big)^{1/2} \Big) \sum_{i \neq j} \Big[\int_{\mathbb{S}^3} (\alpha_i \delta_{a_i,\lambda_i})^{8/3}$$

$$\inf \big[(\alpha_i \delta_{a_i,\lambda_i})^{4/3}, (\alpha_j \delta_{a_j,\lambda_j})^{4/3} \big] \theta_1 \wedge d\theta_1 \Big]^{3/4}$$

Since

$$\sum_{i \neq j} \Big[\int_{\mathbb{S}^3} (\alpha_i \delta_{a_i,\lambda_i})^{8/3} \inf \big[(\alpha_i \delta_{a_i,\lambda_i})^{4/3}, (\alpha_j \delta_{a_j,\lambda_j})^{4/3} \, \theta_1 \wedge d\theta_1 \big]^{3/4} = O\big(\sum_{i \neq j} \varepsilon_{ij} (\log \varepsilon_{ij}^{-1})^{1/2} \big),$$

and the result follows after applying a Hölder inequality.

Lemma A.3.2

$$\int_{\mathbb{S}^3} K(x) \sum_{i=1}^{p} \alpha_i^3 \delta_{a_i,\lambda_i}^3 \, v \, \theta_1 \wedge d\theta_1 = O\Big(\big(\int_{\mathbb{S}^3} |\nabla v|^2 \, \theta_1 \wedge d\theta_1\big)^{1/2}\big(\frac{|\nabla K(a_i)|}{\lambda_i} + \frac{1}{\lambda_i^2}\big)\Big),$$

Proof: Since v satisfies (V_0), we have $\int_{\mathbb{S}^3} L_{\theta_1} \delta_{a_i,\lambda_i} v \, \theta_1 \wedge d\theta_1 = 0$.
And

$$
\begin{aligned}
\int_{\mathbb{S}^3} K(x)\delta_{a_i,\lambda_i}^3 v \, \theta_1 \wedge d\theta_1 &= \int_{\mathbb{H}^1} \big(\tilde{K}(x') - \tilde{K}(g_i)\big) w_{g_i,\lambda_i}^3 v \, \theta_0 \wedge d\theta_0 \ , \quad x' = F(x), \ g_i = F(a_i) \\
&= \int_{B(g_i,\rho)} \big(\nabla \tilde{K}(g_i)(x' - g_i) + o(|x' - g_i|)\big) w_{g_i,\lambda_i}^3 v \, \theta_0 \wedge d\theta_0 \\
&\quad + \int_{B^c(g_i,\rho)} \big(\tilde{K}(x') - \tilde{K}(g_i)\big) w_{g_i,\lambda_i}^3 v \, \theta_0 \wedge d\theta_0 \\
&= O\Big(\big(\int_{\mathbb{S}^3} |\nabla v|^2 \, \theta_1 \wedge d\theta_1\big)^{1/2}\big(\frac{|\nabla K(a_i)|}{\lambda_i} + \frac{1}{\lambda_i^2}\big)\Big).
\end{aligned}
$$

Lemma A.3.3:

$$
\begin{aligned}
\int_{\mathbb{S}^3} K\big(\sum_{i=1}^{p} \alpha_i \delta_{a_i,\lambda_i}\big)^4 \theta_1 \wedge d\theta_1 &= \sum_{i=1}^{p} \alpha_i^4 K(a_i) S^2 + \sum_{i=1}^{p} \alpha_i^4 c_2 \frac{\Delta_{\theta_1} K(a_i)}{\lambda_i^2} + O(\frac{1}{\lambda_i^2}) \\
&\quad + 4\sum_{i \neq j} \alpha_i^3 \alpha_j K(a_i) c_0^4 \frac{\omega_3}{4} \varepsilon_{ij} + o\big(\sum_{i \neq j} \varepsilon_{ij}\big) + O\big(\sum_{i \neq j} \frac{1}{\lambda_i^3 \lambda_j}\big) \\
&\quad + O\big(\sum_{i \neq j} \varepsilon_{ij}^2 \ln(\varepsilon_{ij}^{-1})\big).
\end{aligned}
$$

Proof:

We have

$$
\begin{aligned}
\int_{\mathbb{S}^3} K\big(\sum_{i=1}^{p} \alpha_i \delta_{a_i,\lambda_i}\big)^4 \theta_1 \wedge d\theta_1 &= \sum_{i=1}^{p} \int_{\mathbb{S}^3} K \alpha_i^4 \delta_{a_i,\lambda_i}^4 + 4\sum_{i \neq j} \int_{\mathbb{S}^3} K \alpha_i^3 \alpha_j \delta_{a_i,\lambda_i}^3 \delta_j \\
&\quad + O\big(\int_{\mathbb{S}^3} \sum_{i \neq j} \alpha_i^2 \alpha_j^2 \delta_i^2 \delta_j^2\big).
\end{aligned}
$$

And

$$\int_{\mathbb{S}^3} K(x)\delta_{a_i,\lambda_i}^4 \, \theta_1 \wedge d\theta_1 = K(a_i) S^2 + c_0^4 \frac{\omega_3}{6} \frac{\Delta_{\theta_1} K(a_i)}{\lambda_i^2} + O(\frac{1}{\lambda_i^2}).$$

Since

$$\int_{\mathbb{S}^3} K(x)\delta^4_{a_i,\lambda_i}\,\theta_1 \wedge d\theta_1 = \int_{\mathbb{H}^1} \tilde{K}(x^{'})w^4_{g_i,\lambda_i}\theta_0 \wedge d\theta_0$$

$$= \int_{\mathbb{H}^1} \big(\tilde{K}(x^{'}) - \tilde{K}(g_i)\big)w^4_{g_i,\lambda_i}\theta_0 \wedge d\theta_0 + \tilde{K}(g_i)\int_{\mathbb{H}^1} w^4_{g_i,\lambda_i}\theta_0 \wedge d\theta_0$$

$$= \int_{B(g_i,\rho)} \big(\tilde{K}(x^{'}) - \tilde{K}(g_i)\big)w^4_{g_i,\lambda_i} + \int_{B^c(g_i,\rho)} \big(\tilde{K}(x^{'}) - \tilde{K}(g_i)\big)w^4_{g_i,\lambda_i}$$

$$+\tilde{K}(g_i)\int_{\mathbb{H}^1} w^4_{g_i,\lambda_i}\theta_0 \wedge d\theta_0$$

$$= \int_{B(0,\rho^{'})} \big(\tilde{K}(x^{'}) - \tilde{K}(0)\big)w^4_{0,\lambda_i} + \int_{B^c(0,\rho^{'})} \big(\tilde{K}(x^{'}) - \tilde{K}(0)\big)w^4_{0,\lambda_i}$$

$$+K(a_i)\int_{\mathbb{S}^3} \delta^4_{a_i,\lambda_i}\theta_1 \wedge d\theta_1.$$

And (one can see [18])

$$\int_{\mathbb{H}^1} \tilde{K}(x^{'})w^4_{g_i,\lambda_i}\theta_0 \wedge d\theta_0 = c_0^4\frac{\omega_3}{6}\frac{\Delta_{\theta_1}\tilde{K}(g_i)}{\lambda_i^2} + O\big(\frac{1}{\lambda_i^2}\big) + \tilde{K}(g_i)\int_{\mathbb{H}^1} w^4_{g_i,\lambda_i}\theta_0 \wedge d\theta_0,$$

where ω_3 is the volume of Υ.

Lemma A.3.4

$$\sum_{i\neq j}\alpha_i^3\alpha_j\int_{\mathbb{S}^3} K(x)\delta^3_{a_i,\lambda_i}\delta_{a_j,\lambda_j}\theta_1 \wedge d\theta_1 = c_0^4 K(a_i)\frac{\omega_3}{4}\varepsilon_{ij}\big(1 + o(1)\big)$$

$$+O\big(\sum_{i=1}^p \frac{1}{\lambda_i^2} + \sum_{i\neq j}\varepsilon_{ij}^2(\log\varepsilon_{ij}^{-1})\big).$$

Proof:

$$\int_{\mathbb{H}^1} \tilde{K}(x^{'})w^3_{g_i,\lambda_i}w_{g_j,\lambda_j}\,\theta_0 \wedge d\theta_0 = \int_{B(g_i,\rho)} \big(\tilde{K}(x^{'}) - \tilde{K}(g_i)\big)w^3_{g_i,\lambda_i}w_{g_j,\lambda_j}\,\theta_0 \wedge d\theta_0$$

$$+ \int_{B^c(g_i,\rho)} \big(\tilde{K}(x^{'}) - \tilde{K}(g_i)\big)w^3_{g_i,\lambda_i}w_{g_j,\lambda_j}\,\theta_0 \wedge d\theta_0$$

$$+\tilde{K}(g_i)\int_{\mathbb{H}^1} w^3_{g_i,\lambda_i}w_{g_j,\lambda_j}\,\theta_0 \wedge d\theta_0.$$

And

$$\sum_{i\neq j}\int_{B(g_i,\rho)}(\tilde{K}(x')-\tilde{K}(g_i))w^3_{g_i,\lambda_i}w_{g_j,\lambda_j} = O\Big(\sum_{i\neq j}\|\nabla\tilde{K}(g_i)\|\int_{B(0,\rho')}\|x'\|w^2_{g_i,\lambda_i}w_{0,\lambda_j}w_{0,\lambda_i}\Big)$$

$$= O\Big(\sum_{i\neq j}\big(\int_{B(0,\rho')}\|x'\|^2 w^4_{g_i,\lambda_i}\big)^{\frac{1}{2}}\big(\int_{B(0,\rho')}w^2_{0,\lambda_j}w^2_{0,\lambda_i}\big)^{\frac{1}{2}}\Big)$$

$$= O\Big(\sum_{i\neq j}\big(\frac{1}{\lambda_i}\big)\big(\varepsilon^2_{ij}(\log\varepsilon_{ij}^{-1})^{\frac{1}{2}}\big)\Big)$$

$$= O\Big(\sum_{i=1}^{p}\frac{1}{\lambda_i^2}+\sum_{i\neq j}\varepsilon^2_{ij}(\log\varepsilon_{ij}^{-1})\Big).$$

Lemma A.3.5 For any $u=\sum_{i=1}^{p}\alpha_i\delta_{a_i,\lambda_i}\in V(p,\epsilon)$, we have the following expansion:

$$\int_{\mathbb{S}^3}K(x)\big(\sum_{i=1}^{p}\alpha_i\delta_{a_i,\lambda_i}\big)^2 v^2\theta_1\wedge d\theta_1 = \sum_{i=1}^{p}\alpha_i^2 K(a_i)\int_{\mathbb{S}^3}\delta^2_{a_i,\lambda_i}v^2\theta_1\wedge d\theta_1$$

$$+O\big(\int|\nabla v|^2\big)\Big(\sum_{i=1}^{p}\frac{|\nabla K(a_i)|}{\lambda_i}+\sum_{i=1}^{p}\frac{1}{\lambda_i^2}$$

$$+\sum_{i\neq j}\varepsilon_{ij}(\log\varepsilon_{ij}^{-1})^{1/2}\Big),$$

Proof:

$$\int_{\mathbb{S}^3}K(x)\big(\sum_{i=1}^{p}\alpha_i\delta_{a_i,\lambda_i}\big)^2 v^2\theta_1\wedge d\theta_1 = \int_{\mathbb{H}^1}\tilde{K}(x')\big(\sum_{i=1}^{p}\alpha_i w_{g_i,\lambda_i}\big)^2 v^2\,\theta_0\wedge d\theta_0$$

$$= \sum_{i=1}^{p}\alpha_i^2\int_{\mathbb{H}^1}\tilde{K}(x')w^2_{g_i,\lambda_i}v^2\,\theta_0\wedge d\theta_0$$

$$+O\Big[\sum_{i\neq j}\varepsilon_{ij}(\log\varepsilon_{ij}^{-1})^{\frac{1}{2}}+\sum_{i=1}^{p}\frac{1}{\lambda_i^2}\Big]$$

We are now left with $\sum_{i=1}^{p}\alpha_i^2\int_{\mathbb{H}^1}\tilde{K}(x')w^2_{g_i,\lambda_i}v^2\,\theta_0\wedge d\theta_0$, we write $\tilde{K}(x')=\tilde{K}(x')-$

$\tilde{K}(g_i) + \tilde{K}(g_i)$, it yields

$$\sum_{i=1}^{p} \alpha_i^2 \int_{\mathbb{H}^1} \tilde{K}(x') w_{g_i,\lambda_i}^2 v^2\, \theta_0 \wedge d\theta_0 = \sum_{i=1}^{p} \alpha_i^2 \tilde{K}(g_i) \int_{\mathbb{H}^1} w_{g_i,\lambda_i}^2 v^2\, \theta_0 \wedge d\theta_0$$
$$+ \sum_{i=1}^{p} \alpha_i^2 \int_{B_i} \big(\tilde{K}(x') - \tilde{K}(g_i)\big) w_{g_i,\lambda_i}^2 v^2\, \theta_0 \wedge d\theta_0$$
$$+ \sum_{i=1}^{p} \alpha_i^2 \int_{B_i^c} \big(\tilde{K}(x') - \tilde{K}(g_i)\big) w_{g_i,\lambda_i}^2 v^2\, \theta_0 \wedge d\theta_0.$$

Therefore

$$\sum_{i=1}^{p} \alpha_i^2 \int_{\mathbb{H}^1} \tilde{K}(x') w_{g_i,\lambda_i}^2 v^2\, \theta_0 \wedge d\theta_0 = \sum_{i=1}^{p} \alpha_i^2 \tilde{K}(g_i) \int_{\mathbb{H}^1} w_{g_i,\lambda_i}^2 v^2\, \theta_0 \wedge d\theta_0$$
$$+ \sum_{i=1}^{p} \alpha_i^2 \int_{B(0,\rho)} \big(\nabla \tilde{K}(0).x' + o(|x'|)\big) w_{0,\lambda_i}^2 v^2\, \theta_0 \wedge d\theta_0$$
$$+ \sum_{i=1}^{p} \alpha_i^2 \int_{B_i^c} \big(\tilde{K}(x') - \tilde{K}(g_i)\big) w_{g_i,\lambda_i}^2 v^2\, \theta_0 \wedge d\theta_0.$$

And using a Hölder inequality, we derive that

$$\sum_{i=1}^{p} \alpha_i^2 \int_{\mathbb{H}^1} \tilde{K}(x') w_{g_i,\lambda_i}^2 v^2\, \theta_0 \wedge d\theta_0 = \sum_{i=1}^{p} \alpha_i^2 \tilde{K}(g_i) \int_{\mathbb{H}^1} w_{g_i,\lambda_i}^2 v^2\, \theta_0 \wedge d\theta_0$$
$$+ O\Big(\int |\nabla v|^2\Big)\Big(\sum_{i=1}^{p} \frac{|\nabla K(a_i)|}{\lambda_i} + \sum_{i=1}^{p} \frac{1}{\lambda_i^2}\Big).$$

Which ends the proof of Lemma A.3. □

Appendix B

We have

$$J(u) = \lambda(u) \int_{\mathbb{S}^3} L_{\theta_1} u\, u\, \theta_1 \wedge d\theta_1\,, \quad \lambda(u) = \Big(\int_{\mathbb{S}^3} K u^4\, \theta_1 \wedge d\theta_1\Big)^{-\frac{1}{2}}$$

$$\lambda'(u)W = -2\Big(\int_{\mathbb{S}^3} K u^4\, \theta_1 \wedge d\theta_1\Big)^{-\frac{3}{2}}\Big(\int_{\mathbb{S}^3} K u^3 W\, \theta_1 \wedge d\theta_1\Big)$$
$$= -2\lambda^3(u) \int_{\mathbb{S}^3} K u^3 W\, \theta_1 \wedge d\theta_1.$$

Therefore

$$
\begin{aligned}
J'(u)W &= \lambda'(u)W \int_{\mathbb{S}^3} L_{\theta_1} u\, u\, \theta_1 \wedge d\theta_1 + 2\lambda(u) \int_{\mathbb{S}^3} L_{\theta_1} u\, W\, \theta_1 \wedge d\theta_1 \\
&= 2\lambda(u)\Big[-\lambda^2(u) \int_{\mathbb{S}^3} Ku^3 W\, \theta_1 \wedge d\theta_1 \int_{\mathbb{S}^3} L_{\theta_1} u\, u\, \theta_1 \wedge d\theta_1 + \int_{\mathbb{S}^3} L_{\theta_1} u\, W\, \theta_1 \wedge d\theta_1 \Big] \\
&= 2\lambda(u)\Big[\int_{\mathbb{S}^3} L_{\theta_1} u\, W\, \theta_1 \wedge d\theta_1 - \lambda^2(u) \int Ku^3 W\, \theta_1 \wedge d\theta_1 \int_{\mathbb{S}^3} L_{\theta_1} u\, u\, \theta_1 \wedge d\theta_1 \Big]
\end{aligned}
$$

Since $u = \sum_{i=1}^{p} \alpha_i \delta_i \in V(p,\epsilon) \subset \Sigma^+$, we have $\int_{\mathbb{S}^3} L_{\theta_1} u\, u\, \theta_1 \wedge d\theta_1 = 1$.

Proof for the first estimate of lemma B

$$
J'(u)\Big(\lambda_j \frac{\partial \delta_{a_j,\lambda_j}}{\partial \lambda_j}\Big) = 2\lambda(u)\Big[\Big\langle \sum_{i=1}^{p} \alpha_i \delta_{a_i,\lambda_i},\ \lambda_j \frac{\partial \delta_{a_j,\lambda_j}}{\partial \lambda_j} \Big\rangle_{L_{\theta_1}} - \lambda^2(u) \int_{\mathbb{S}^3} K\Big(\sum_{i=1}^{p} \alpha_i \delta_{a_i,\lambda_i}\Big)^3 \lambda_j \frac{\partial \delta_{a_j,\lambda_j}}{\partial \lambda_j} \Big].
$$

We have

$$
\begin{aligned}
\int_{\mathbb{S}^3} K\Big(\sum_{i=1}^{p} \alpha_i \delta_{a_i,\lambda_i}\Big)^3 \lambda_j \frac{\partial \delta_{a_j,\lambda_j}}{\partial \lambda_j} =\ & \int_{\mathbb{S}^3} K\Big[\alpha_j^3 \delta_{a_j,\lambda_j}^3 + \sum_{i\neq j} \alpha_i^3 \delta_{a_i,\lambda_i}^3 + 3\alpha_j^2 \delta_{a_j,\lambda_j}^2 \Big(\sum_{i\neq j} \alpha_i \delta_{a_i,\lambda_i}\Big) \\
& + \sum_{\substack{k\neq j \\ i\neq j}} O\Big(\int \delta_{a_k,\lambda_k}^2 \delta_{a_i,\lambda_i}\Big) + \sum_{k\neq j} \delta_{a_j,\lambda_j} \delta_{a_k,\lambda_k}^2 \Big] \lambda_j \frac{\partial \delta_{a_j,\lambda_j}}{\partial \lambda_j}.
\end{aligned}
$$

And
Lemma B.1

$$
\Big\langle \delta_{a_j,\lambda_j},\ \lambda_i \frac{\partial \delta_{a_i,\lambda_i}}{\partial \lambda_i} \Big\rangle_{L_{\theta_1}} = \lambda_i \frac{\partial}{\partial \lambda_i}\Big(\int_{\mathbb{S}^3} \delta_{a_j,\lambda_j}^3 \delta_{a_i,\lambda_i} \theta_1 \wedge d\theta_1 \Big) = c_0^4 \frac{\omega_3}{4} \lambda_i \frac{\partial \epsilon_{ij}}{\partial \lambda_i} + o(\epsilon_{ij}).
$$

Lemma B.2

$$
\Big\langle \delta_{a_i,\lambda_i},\ \lambda_i \frac{\partial \delta_{a_i,\lambda_i}}{\partial \lambda_i} \Big\rangle_{L_{\theta_1}} = 0.
$$

Lemma B.3

$$\int_{\mathbb{S}^3} K(x)\delta^3_{a_i,\lambda_i}\lambda_i\frac{\partial\delta_{a_i,\lambda_i}}{\partial\lambda_i}\,\theta_1\wedge d\theta_1 = \int_{\mathbb{H}^1}\tilde{K}(x')w^3_{g_i,\lambda_i}\lambda_i\frac{\partial w_{g_i,\lambda_i}}{\partial\lambda_i}\theta_0\wedge d\theta_0$$

$$= \Delta\tilde{K}(g_i)\int_{B_i}|x'-g_i|^2 w^3_{g_i,\lambda_i}\lambda_i\frac{\partial w_{g_i,\lambda_i}}{\partial\lambda_i}$$

$$+ O\big(\int_{B_i}|x'-g_i|^2 w^3_{g_i,\lambda_i}\lambda_i\frac{\partial w_{g_i,\lambda_i}}{\partial\lambda_i}\big)$$

$$+ \int_{B_i^c}\big(\tilde{K}(x')-\tilde{K}(g_i)\big)w^3_{g_i,\lambda_i}\lambda_i\frac{\partial w_{g_i,\lambda_i}}{\partial\lambda_i}$$

$$= -c_0^4\frac{w_3}{12}\frac{\Delta K(a_i)}{\lambda_i^2}\big(1+o(1)\big).$$

Lemma B.4. For $i\neq j$, we have $\lambda_i\dfrac{\partial\varepsilon_{ij}}{\partial\lambda_i}=2\dfrac{\lambda_j}{\lambda_i}\varepsilon_{ij}^2-\varepsilon_{ij}$, and

$$\int_{\mathbb{S}^3} K\delta^3_{a_j,\lambda_j}\lambda_i\frac{\partial\delta_{a_i,\lambda_i}}{\partial\lambda_i}\,\theta_1\wedge d\theta_1 = \tilde{K}(g_j)\int_{\mathbb{H}^1}w^3_{g_j,\lambda_j}\lambda_i\frac{\partial w_{g_i,\lambda_i}}{\partial\lambda_i}+\int_{B_i}\big(\tilde{K}(x')-\tilde{K}(g_j)\big)w^3_{g_j,\lambda_j}\lambda_i\frac{\partial w}{\partial}$$

$$+ \int_{B_i^c}\big(\tilde{K}(x')-\tilde{K}(g_j)\big)w^3_{g_j,\lambda_j}\lambda_i\frac{\partial w_{g_i,\lambda_i}}{\partial\lambda_i}$$

$$= c_0^4\frac{w_3}{4}\lambda_i\frac{\partial\varepsilon_{ij}}{\partial\lambda_i}K(a_j)+o\big(\epsilon_{ij}\big)+O\big(\frac{1}{\lambda_i\lambda_j^3}\big)+O\big(\epsilon_{ij}^2\ln(\epsilon_{ij}^{-1})\big).$$

Lemma B.5. For $k\neq i$

$$\int_{\mathbb{S}^3} K\delta^2_{a_i,\lambda_i}\lambda_i\frac{\partial\delta_{a_i,\lambda_i}}{\partial\lambda_i}\delta_{a_k,\lambda_k}\,\theta_1\wedge d\theta_1 = c_0^4\frac{w_3}{12}K(a_i)\lambda_i\frac{\partial\varepsilon_{ik}}{\partial\lambda_i}\big(1+o(1)\big)+o\big(\varepsilon_{ik}\big).$$

Lemma B.6

$$\int_{\mathbb{S}^3} K\delta_{a_i,\lambda_i}|\lambda_i\frac{\partial\delta_{a_i,\lambda_i}}{\partial\lambda_i}|\delta_k^2\,\theta_1\wedge d\theta_1 = O\big(\varepsilon_{ik}^2\log\varepsilon_{ik}^{-1}\big)$$

Lemma B.7. For $j\neq k\neq i$ and $j\neq i$, we have

$$\int K\delta_{a_j,\lambda_j}\delta^2_{a_k,\lambda_k}|\lambda_i\frac{\partial\delta_{a_i,\lambda_i}}{\partial\lambda_i}|\,\theta_1\wedge d\theta_1 = O\big(\varepsilon_{jk}^2\log\varepsilon_{jk}^{-1}\big)+O\big(\varepsilon_{ik}^2\log\varepsilon_{ik}^{-1}\big).$$

By using the lemmas above, we obtain

$$
\begin{aligned}
J'(u)(\lambda_j \frac{\partial \delta_{a_j,\lambda_j}}{\partial \lambda_j}) \ = \ & 2\lambda(u)\Big[\sum_{i\neq j} \alpha_i \frac{\omega}{4} \lambda_j \frac{\partial \varepsilon_{ij}}{\partial \lambda_j}(1+o(1)) + o\Big(\sum_{i\neq j} \varepsilon_{ij}\Big)\Big] \\
& -2\lambda^3(u)\Big[-\alpha_j^3 c_0^4 \frac{w_3}{12}\frac{\Delta K(a_j)}{\lambda_j^2}(1+o(1)) \\
& + \sum_{i\neq j} \alpha_i^3 K(a_i) c_0^4 \frac{w_3}{4} \lambda_j \frac{\partial \varepsilon_{ij}}{\partial \lambda_j}(1+o(1)) + O(\sum_{i\neq j} \varepsilon_{ij}^2 \log \varepsilon_{ij}^{-1}) \\
& + \sum_{i\neq j} \alpha_j^2 \alpha_i K(a_j) c_0^4 \frac{w_3}{4} \lambda_j \frac{\partial \varepsilon_{ij}}{\partial \lambda_j}(1+o(1)) + o\Big(\sum_{i\neq j} \varepsilon_{ij}\Big)\Big].
\end{aligned}
$$

The proof of (9) in Lemma B follows since $\alpha_i^2 K(a_i)^2 \lambda(u)^2 \to 1$ if $u \in V(p,\varepsilon)$. □

Proof of the second estimate of Lemma B. We have

$$
\begin{aligned}
J'(u)(\frac{1}{\lambda_j}\frac{\partial \delta_{a_j,\lambda_j}}{\partial a_j}) \ = \ & 2\lambda(u)\Big[\langle \sum_{i=1}^{p} \alpha_i \delta_{a_i,\lambda_i}, \ \lambda_j^{-1}\frac{\partial \delta_{a_j,\lambda_j}}{\partial a_j}\rangle_{L_{\theta_1}} \\
& -\lambda^2(u)\int_{\mathbb{S}^3} K(\sum_{i=1}^{p}\alpha_i\delta_{a_i,\lambda_i})^3 \lambda_j^{-1}\frac{\partial \delta_{a_j,\lambda_j}}{\partial a_j}\ \theta_1 \wedge d\theta_1\Big],
\end{aligned}
$$

let ϕ_j denotes $\lambda_j^{-1}\dfrac{\partial \delta_{a_j,\lambda_j}}{\partial a_j}$, we will estimate $\langle \delta_{a_j,\lambda_j},\phi_j\rangle_{L_{\theta_1}}$, $\langle \delta_{a_i,\lambda_i},\phi_j\rangle_{L_{\theta_1}}$, $\int_{\mathbb{S}^3} K\delta_{a_j,\lambda_j}^3 \phi_j$, $\int_{\mathbb{S}^3} K\delta_{a_i,\lambda_i}^3 \phi_j$, $\int_{\mathbb{S}^3} K\delta_{a_i,\lambda_i}^2 \phi_j \delta_{a_k,\lambda_k}$, $\int_{\mathbb{S}^3} K\delta_{a_j,\lambda_j}|\phi_j|\delta_{a_k,\lambda_k}^2$ and $\int_{\mathbb{S}^3} K\delta_{a_i,\lambda_i}\delta_{a_k,\lambda_k}^2|\phi_j|$ for $j \neq k \neq i$ and $j \neq i$.

Lemma B.8

$$
\langle \delta_{a_j,\lambda_j}, \lambda_j^{-1}\frac{\partial \delta_{a_j,\lambda_j}}{\partial a_j}\rangle_{L_{\theta_1}} \ = \ 0.
$$

Lemma B.9

$$
\langle \delta_{a_i,\lambda_i}, \lambda_j^{-1}\frac{\partial \delta_{a_j,\lambda_j}}{\partial a_j}\rangle_L \ = \ c_0^4 \frac{\omega_3}{4}\frac{1}{\lambda_j}\frac{\partial \varepsilon_{ij}}{\partial a_j} + \lambda_j^{-1}O(\varepsilon_{ij}^{\frac{5}{2}}\lambda_i\lambda_j\,|\,(a_i\cdot a_j)^{-1}|)
$$

Lemma B.10. Since $w_{g_j,\lambda_j}^3 \frac{1}{\lambda_j} \frac{\partial w_{g_j,\lambda_j}}{\partial g_j} = \frac{1}{4\lambda_j} \frac{\partial}{\partial g_j}\left(w_{g_j,\lambda_j}^4\right) = 2|x' - g_j|w_{g_j,\lambda_j}^5$, we have

$$
\begin{aligned}
\int_{\mathbb{S}^3} K(x)\delta_{a_j,\lambda_j}^3 \frac{1}{\lambda_j} \frac{\partial \delta_{a_j,\lambda_j}}{\partial a_j}\, \theta_1 \wedge d\theta_1 \;=\;& \int_{\mathbb{H}^1} \tilde{K}(x')w_{g_j,\lambda_j}^3 \frac{1}{\lambda_j} \frac{\partial w_{g_j,\lambda_j}}{\partial g_j}\theta_0 \wedge d\theta_0 \\
=\;& \int_{B_j} \left(\tilde{K}(x') - \tilde{K}(g_j)\right)w_{g_j,\lambda_j}^3 \frac{1}{\lambda_j} \frac{\partial w_{g_j,\lambda_j}}{\partial g_j}\theta_0 \wedge d\theta_0 \\
&+ \int_{B_j^c} \left(\tilde{K}(x') - \tilde{K}(g_j)\right)w_{g_j,\lambda_j}^3 \frac{1}{\lambda_j} \frac{\partial w_{g_j,\lambda_j}}{\partial g_j}\theta_0 \wedge d\theta_0 \\
=\;& \int_{B_j} w_{g_j,\lambda_j}^3 \frac{1}{\lambda_j} \frac{\partial w_{g_j,\lambda_j}}{\partial g_j}\nabla \tilde{K}(g_j)(x' - g_j)\theta_0 \wedge d\theta_0 \\
&+ O\Big(\sup |\nabla^2 \tilde{K}(g_j)| \int_{B_j} w_{g_j,\lambda_j}^5 |x' - g_j|^3\Big)\theta_0 \wedge d\theta_0 \\
&+ \int_{B_j^c} \left(\tilde{K}(x') - \tilde{K}(g_j)\right)w_{g_j,\lambda_j}^3 \frac{1}{\lambda_j} \frac{\partial w_{g_j,\lambda_j}}{\partial g_j}\theta_0 \wedge d\theta_0 \\
=\;& c_0^4 \frac{\omega_3}{12} \frac{\nabla K(a_j)}{\lambda_j} + O(\frac{1}{\lambda_j^4}).
\end{aligned}
$$

Lemma B.11

$$
\begin{aligned}
\int_{\mathbb{S}^3} K\delta_{a_i,\lambda_i}^3 \lambda_j^{-1} \frac{\partial \delta_{a_j,\lambda_j}}{\partial a_j}\, \theta_1 \wedge d\theta_1 \;=\;& \tilde{K}(g_i)\int w_{g_i,\lambda_i}^3 \lambda_j^{-1}\frac{\partial w_{g_j,\lambda_j}}{\partial g_j}\, \theta_0 \wedge d\theta_0 \\
&+ \int_{B_i} \left(\tilde{K}(x') - \tilde{K}(g_i)\right)w_{g_i,\lambda_i}^3 \lambda_j^{-1}\frac{\partial w_{g_j,\lambda_j}}{\partial g_j}\, \theta_0 \wedge d\theta_0 \\
&+ \int_{B_i^c} \left(\tilde{K}(x') - \tilde{K}(g_i)\right)w_{g_i,\lambda_i}^3 \lambda_j^{-1}\frac{\partial w_{g_j,\lambda_j}}{\partial g_j}\, \theta_0 \wedge d\theta_0 \\
=\;& c_0^4 \frac{\omega_3}{4} \frac{K(a_i)}{\lambda_j} \frac{\partial \varepsilon_{ij}}{\partial a_j} + o(\varepsilon_{ij}) + O(\frac{1}{\lambda_i^3 \lambda_j}).
\end{aligned}
$$

Lemma B.12. For $k \neq j$

$$
\begin{aligned}
\int_{\mathbb{S}^3} K\delta_{a_j,\lambda_j}^2 \phi_j \delta_{a_k,\lambda_k}\, \theta_1 \wedge d\theta_1 \;=\;& \int_{\mathbb{S}^3} K\delta_{a_j,\lambda_j}^2 \lambda_j^{-1}\frac{\partial \delta_{a_j,\lambda_j}}{\partial a_j}\delta_{a_k,\lambda_k}\, \theta_1 \wedge d\theta_1 \\
=\;& O\Big(\int_{\mathbb{S}^3} \delta_{a_j,\lambda_j}^3 \delta_{a_k,\lambda}\, \theta_1 \wedge d\theta_1\Big) = O(\epsilon_{jk}).
\end{aligned}
$$

Lemma B.13

$$
\begin{aligned}
\int_{\mathbb{S}^3} K\delta_{a_j,\lambda_j}\delta_{a_k,\lambda_k}^2 |\lambda_j^{-1}\frac{\partial \delta_{a_j,\lambda_j}}{\partial a_j}|\, \theta_1 \wedge d\theta_1 \;=\;& O\Big(\int_{\mathbb{S}^3} \delta_{a_j,\lambda_j}^2 \delta_{a_k,\lambda_k}^2\, \theta_1 \wedge d\theta_1\Big) \\
=\;& O(\varepsilon_{jk}^2 \log \varepsilon_{jk}^{-1}).
\end{aligned}
$$

Lemma B.14. For $j \neq k$, $k \neq i$ and $j \neq k$

$$
\int_{\mathbb{S}^3} K \delta_{a_i,\lambda_i} \delta^2_{a_k,\lambda_k} \lambda_j^{-1} \frac{\partial \delta_{a_j,\lambda_j}}{\partial a_j} \, \theta_1 \wedge d\theta_1 = O\left(\int_{\mathbb{S}^3} \delta^2_{a_i,\lambda_i} \delta^2_{a_k,\lambda_k} \, \theta_1 \wedge d\theta_1 + \int_{\mathbb{S}^3} \delta^2_{a_j,\lambda_j} \delta^2_{a_k,\lambda_k} \, \theta_1 \wedge d\theta_1 \right)
$$
$$
= O\left(\varepsilon_{ik}^2 \log \varepsilon_{ik}^{-1} \right) + O\left(\varepsilon_{jk}^2 \log \varepsilon_{jk}^{-1} \right)
$$

By using the lemmas above, we obtain

$$
J'(u)\left(\lambda_j^{-1} \frac{\partial \delta_{a_j,\lambda_j}}{\partial a_j} \right) = 2\lambda(u) \sum_i \alpha_i \frac{c_0^4 \omega_3}{4} \frac{1}{\lambda_j} \frac{\partial \varepsilon_{ij}}{\partial a_j} \left(1 + o(1) \right)
$$
$$
- 2\lambda^3(u) \alpha_j^3 \frac{c_0^4 w_3}{12} \frac{\nabla K(a_j)}{\lambda_j} \left(1 + o(1) \right) + O\left(\frac{1}{\lambda_j^2} \right)
$$
$$
+ \sum_{i \neq j} \alpha_j^3 K(a_i) \frac{c_0^4 \omega_3}{4} \frac{1}{\lambda_j} \frac{\partial \varepsilon_{ij}}{\partial a_j} \left(1 + o(1) \right)
$$
$$
+ O\left(\varepsilon_{ij} \right) + O\left(\sum_{i \neq j} \varepsilon_{ij}^2 \log \varepsilon_{ij}^{-1} \right).
$$

The result follows since $\alpha_i^2 K(a_i)^2 \lambda(u)^2 \to 1$ if $u \in V(p,\varepsilon)$. $\qquad \square$

76*Salem Eljazi   Najoua Gamara*

Chapitre 4

Références

Bibliographie

[1] **A.Bahri** : Critical points at infinity in some variational problems, Pitman Research Notes in Mathematics Series **182** (Longman), 1989, MR 91h :58022, Zbl 676.58021.

[2] **A.Bahri** : An invariant for Yamabe-type flows with application to scalar curvature problems in high dimensions, Duke.Math.J**281**, (1996), 323-466.

[3] **A.Bahri-J.M.Coron** : The scalar curvature problem on the standard three -dimensional sphere, J.Funct.Anal.95 (1991), 106-172.

[4] **A.Bahri - P.H.Rabinowitz** : Periodic solutions of 3-body problems, Ann. INst. H. Poincaré Ana. Non linéaire. 8 (1991), 561-649.

[5] **M.Ben Ayed - Y.Chen - H.Chtioui - M.Hammami** : On the prescribed scalar curvature problem on 4-manifolds, Duke.Math.J.vol **84**, n.**3**, (1996), 633-677.

[6] **H.Bahouri - J.Y.Chemin - C.J.Xu** : Trace and trace lifting theorems in weight Sobolev spaces, Publication du Laboratoire D'Analyse Numérique, **R00034**, Université Pierre et Marie Curie.

[7] **W.Chen-W.Ding** : Scalar curvature on S^2, Trans.Amer.Math.Soc **303**,(1987),365-382.

[8] **H.Chtioui - K.Elmehdi-N.Gamara** : The Webster scalar curvature problem on the three dimentional CR manifolds , Bull.Sci.Math. **131**, (2007), 361-374.

[9] **K.C.Chang - J.Q.Liu** : On Nirenberg's problems, Internat.J.Math.**4**, (1993),35-58.

[10] **S.Y.Chang - P.Yang** : Conformal deformation of metrics on S^2, J.Diff.Geom.**27** (1988),259-296.

[11] **S.Y.Chang - P.Yang** : A perturbation result in prescribing scalar curvature on $\mathbb{S}^n$, Duke.Math.J. **64** (1991), 27-69.

[12] **S.Y.Chang - P.Yang** : Prescribing Gaussian curvature on S^2, Acta Math.**159** (1987),215-259.

[13] **S.Dragomir - G.Tomassini** : Differential Geometry and Analysis on CR Manifolds. Progress in Mathematics, vol.**246**, xvi+487 pp. Birkhäuser Boston, Inc., Boston, MA (2006).

[14] **Hebey.E** : Changements de métriques conformes sur la sphère, le problème de Nirenberg. Bull. Sci. Math. **114**, 215-242 (1990).

[15] **J.Faraud - K.Harzallah** : Ecole D'Eté D'Analyse Harmonique de Tunis, 1984, Progress in Mathematics **69**, (1987), Birkhäuser. Series Editors : J.Oesterlé- A.Weinstein.

[16] **V.Felli, F.Uguzzoni** : Some existence results for the Webster scalar curvature problem in presence of symmetry, Ann. Math **183**, 469-493 (2004).

[17] **N.Gamara** : The CR Yamabe conjecture the case n=1, J.Eur.Math.Soc.**3**, (2001), 105-137.

[18] **N.Gamara** : The prescribed scalar curvature on a 3-dimensional CR manifold, Advanced Nonlinear Studies **2** (2002), 193-235.

[19] **N.Gamara - R.Yacoub** : CR Yamabe conjecture-The conformally flat case, Pac.J.Math.,vol **201**, n.**1**, (2001).

[20] **Z.Han** : Prescribing Gaussian curvature on S^2, Duke.Math.J.**61** (1990), 679-703.

[21] **H.Chtioui - M.Ould Ahmedou** : Conformal metrics of prescribed scalar curvature on 4 manifolds : The degree zero case

[22] **D.Jerison - J.M.Lee** : The Yamabe problem on CR manifolds, J.Differential.Geom. ,**25**, (1987), 167-197, MR 88i :58162, Zbl 661 32026.

[23] **D.Jerison - J.M.Lee** : Intrinsic CR normal coordinates and the CR Yamabe problem, J.Differential..Geom, **29** (1989), 303-343, MR 90h :58083,Zbl 671.32016.

[24] **D.Jerison - J.M.Lee** : Extremals for the Sobolev inequality on the Heisenberg group and the CR Yamabe problem, J.Amer.Math.Soc.,**1**, (1988)1-13.

[25] **J.Kazdan - F.Warner** : Existence and conformal deformation of metrics with prescribed Gaussian and scalar curvature, Ann.of Math.(**2**) 101 (1975), 317-331.

[26] **Y.Y.Li** : Prescribing scalar curvature on $\mathbb{S}^n$ and related problems, Part I, J.Differential.Equations **120** (1995), 319-410.

[27] **M. Ben Ayed - M. Ould Ahmedou** : Multiplicity results for the prescribed scalar curvature on low spheres

[28] **A. Malchiodi- F. Uguzzoni** A perturbation result for the Webster scalar curvature problem on the CR sphere, J. Math. Pures Appl., **81** (2002), 983-997

[29] **J.Sacks-K.Uhlenbeck** : The existence of minimal immersions of 2−spheres, Ann.of Math. (**2**), 113 (1981) ,1-24.

[30] **M.Struwe** : A global compactness result for elliptic boundary value problems involving limiting nonlinearities, Math. Z. **187**, (1984), 511-517.

[31] **C.H.Taubes** : Path-connected Yang-Mills moduli spaces, J.Differential.Geom. **19** (1984), 337-392.

[32] **T.Aubin** : problème de Yamabe concernant la courbure scalaire, C.R.Acad. Sc, t. 280, série A,(1975), p.721.

[33] **T.Aubin** : équations différentielles non linéaires et problème de Yamabe concernant la courbure scalaire, in .Math.Pure App, 55 (1976),269-296.

[34] **A.Bahri** : Proof of the Yamabe conjecture for locally conformally flat manifolds, Non. Lin. Analysis, Theory, Methods and Appli., 20 (10) (1993), 1261-1278.

[35] **A.Bahri, H.Brézis** : Non linear elliptic equations on Riemannian manifolds with the Sobolev critical exponent, Topics in Geometry, 1.100. Progr.Non linear Differential Equations App. 20, Birkhaüser, Boston (1996).

[36] **C.Bandle** : Isoperimetric inequalities and applications, London : Pitman 1980.

[37] **P.Berard, G.Besson, S.Gallot** : Sur une inégalite isopérimétrique qui généralise celle de Paul Levy-Gromov, Inventiones math. **80** (1985), 295-308.

[38] **P.Bérard** : Spectral geometry : Direct and inverse problems, Lect.Note in Math. n° **1207**, Springer (1986).